ΣBEST
シグマベスト

トコトン算数

小学6年の計算ドリル

文英堂

この本の 組み立てと使い方

❶ ～ ㊻ ▶	練習問題で, 1回分は2ページです。おちついて, ていねいに計算しましょう。
問題 ▶	計算のしかたを説明するための問題です。
考え方 ▶	計算のしかたが, くわしく書かれています。しっかり読んで, 計算方法を身につけましょう。
答え ▶	問題 の答えです。

● 計算は算数の基本です！

計算ができないと, 文章題の解き方がわかっても正しい答えは出せません。この本は, 算数の基本となる計算力をアップさせ, 確実に身につくことを考えて作られています。

● 学習計画を立てよう！

1回分は見開き2ページで, 46回分あります。同じような問題が数回分あるので, 十分に反復練習できます。無理のない計画を立て, 学習する習慣を身につけましょう。

●「まとめ」の問題で復習しよう！

「まとめ」の問題で, それまでに計算練習したことを復習しましょう。そして, どれだけ計算力が身についたか確認しましょう。

● 答え合わせをして, まちがい直しをしよう！

1回分が終わったら答え合わせをして, まちがった問題はもう一度計算しましょう。まちがったままにしておくと, 何度も同じまちがいをしてしまいます。どういうまちがいをしたかを知ることが計算力アップのポイントです。

● 得点を記録しよう！

この本の後ろにある「学習の記録」に, 得点を記録しよう。そして, 自分の苦手なところを見つけ, それをなくすようにがんばろう。

もくじ

分数のたし算とひき算 ── ①

問題 $\dfrac{5}{8} + \dfrac{7}{24}$ を計算しましょう。

考え方 分母のちがう分数のたし算やひき算は，通分して分母を
そろえてから計算します。
答えが約分できるときは，必ず約分しておきます。

$$\dfrac{5}{8} + \dfrac{7}{24} = \dfrac{15}{24} + \dfrac{7}{24} = \dfrac{22}{24} = \dfrac{11}{12}$$

答え $\dfrac{11}{12}$

次の計算をしましょう。

[1問 4点]

(1) $\dfrac{2}{9} + \dfrac{1}{3}$

(2) $\dfrac{2}{3} - \dfrac{1}{6}$

(3) $\dfrac{3}{8} - \dfrac{1}{4}$

(4) $\dfrac{1}{3} + \dfrac{5}{18}$

(5) $\dfrac{5}{12} + \dfrac{1}{4}$

(6) $\dfrac{1}{6} + \dfrac{3}{10}$

(7) $\dfrac{7}{16} - \dfrac{3}{8}$

(8) $\dfrac{7}{12} - \dfrac{1}{4}$

次の計算をしましょう。　　　　[(1)〜(12) 1問 4点, (13)〜(16) 1問 5点]

(1) $\dfrac{5}{6} + \dfrac{1}{9}$　　　　　　　(2) $\dfrac{1}{8} + \dfrac{3}{10}$

(3) $\dfrac{7}{10} - \dfrac{1}{2}$　　　　　　　(4) $\dfrac{11}{12} - \dfrac{5}{6}$

(5) $\dfrac{4}{9} + \dfrac{5}{21}$　　　　　　　(6) $\dfrac{7}{8} - \dfrac{5}{12}$

(7) $\dfrac{5}{6} - \dfrac{3}{10}$　　　　　　　(8) $\dfrac{5}{12} + \dfrac{3}{8}$

(9) $\dfrac{11}{12} - \dfrac{9}{10}$　　　　　　(10) $\dfrac{2}{21} + \dfrac{3}{14}$

(11) $\dfrac{3}{16} + \dfrac{5}{12}$　　　　　　(12) $\dfrac{11}{15} - \dfrac{3}{10}$

(13) $\dfrac{7}{15} + \dfrac{1}{6}$　　　　　　　(14) $\dfrac{8}{9} - \dfrac{7}{12}$

(15) $\dfrac{7}{18} + \dfrac{5}{12}$　　　　　　(16) $\dfrac{17}{36} - \dfrac{1}{8}$

 分数のたし算とひき算 ── ②

1 次の計算をしましょう。答えが1以上になるときは，仮分数で表しましょう。

[1問 3点]

(1) $\dfrac{7}{4} + \dfrac{1}{12}$

(2) $\dfrac{5}{3} - \dfrac{4}{9}$

(3) $\dfrac{4}{3} + \dfrac{7}{12}$

(4) $\dfrac{7}{6} - \dfrac{7}{15}$

(5) $\dfrac{8}{5} - \dfrac{4}{15}$

(6) $\dfrac{7}{3} + \dfrac{5}{4}$

(7) $\dfrac{7}{6} + \dfrac{5}{9}$

(8) $\dfrac{3}{2} - \dfrac{7}{18}$

(9) $\dfrac{4}{3} - \dfrac{3}{4}$

(10) $\dfrac{7}{18} + \dfrac{4}{3}$

(11) $\dfrac{11}{6} - \dfrac{5}{4}$

(12) $\dfrac{7}{6} + \dfrac{5}{18}$

(13) $\dfrac{9}{8} + \dfrac{5}{24}$

(14) $\dfrac{9}{4} - \dfrac{5}{6}$

(15) $\dfrac{7}{6} - \dfrac{5}{8}$

(16) $\dfrac{7}{9} + \dfrac{7}{6}$

次の計算をしましょう。答えが1以上になるときは，仮分数で表しましょう。

[(1)〜(12)　1問　3点，(13)〜(16)　1問　4点]

(1)　$\dfrac{5}{4} + \dfrac{1}{9}$

(2)　$\dfrac{5}{2} - \dfrac{1}{5}$

(3)　$\dfrac{7}{4} - \dfrac{2}{9}$

(4)　$\dfrac{2}{3} + \dfrac{6}{5}$

(5)　$\dfrac{11}{24} + \dfrac{7}{6}$

(6)　$\dfrac{7}{2} - \dfrac{5}{12}$

(7)　$\dfrac{8}{3} + \dfrac{13}{18}$

(8)　$\dfrac{16}{15} - \dfrac{2}{5}$

(9)　$\dfrac{11}{6} - \dfrac{4}{9}$

(10)　$\dfrac{5}{6} + \dfrac{9}{8}$

(11)　$\dfrac{11}{9} + \dfrac{7}{6}$

(12)　$\dfrac{9}{8} - \dfrac{5}{6}$

(13)　$\dfrac{10}{9} - \dfrac{1}{6}$

(14)　$\dfrac{5}{6} + \dfrac{11}{8}$

(15)　$\dfrac{11}{12} + \dfrac{5}{18}$

(16)　$\dfrac{5}{4} - \dfrac{7}{36}$

分数のたし算とひき算 ── ③

1 次の計算をしましょう。答えが1以上になるときは，帯分数で表しましょう。

[1問 3点]

(1) $\dfrac{4}{5} + \dfrac{2}{3}$

(2) $\dfrac{5}{2} - \dfrac{2}{7}$

(3) $\dfrac{1}{2} + \dfrac{5}{6}$

(4) $\dfrac{8}{5} - \dfrac{1}{3}$

(5) $\dfrac{10}{7} - \dfrac{3}{4}$

(6) $\dfrac{9}{14} + \dfrac{3}{7}$

(7) $\dfrac{5}{8} + \dfrac{3}{2}$

(8) $\dfrac{25}{6} - \dfrac{8}{3}$

(9) $\dfrac{21}{10} - \dfrac{3}{5}$

(10) $\dfrac{2}{3} + \dfrac{7}{6}$

(11) $\dfrac{11}{6} - \dfrac{2}{9}$

(12) $\dfrac{9}{8} + \dfrac{5}{4}$

(13) $\dfrac{7}{6} + \dfrac{11}{12}$

(14) $\dfrac{25}{12} - \dfrac{3}{8}$

(15) $\dfrac{15}{4} - \dfrac{7}{6}$

(16) $\dfrac{9}{10} + \dfrac{12}{25}$

9

2 次の計算をしましょう。答えが1以上になるときは，帯分数で表しましょう。

[(1)～(12) 1問 3点，(13)～(16) 1問 4点]

(1) $\dfrac{6}{7}+\dfrac{9}{5}$

(2) $\dfrac{25}{8}-\dfrac{2}{3}$

(3) $\dfrac{4}{3}+\dfrac{3}{5}$

(4) $\dfrac{19}{5}-\dfrac{3}{4}$

(5) $\dfrac{15}{2}-\dfrac{7}{3}$

(6) $\dfrac{7}{4}+\dfrac{5}{3}$

(7) $\dfrac{19}{10}-\dfrac{2}{15}$

(8) $\dfrac{5}{8}+\dfrac{1}{2}$

(9) $\dfrac{3}{4}+\dfrac{5}{8}$

(10) $\dfrac{32}{9}-\dfrac{4}{3}$

(11) $\dfrac{13}{6}-\dfrac{1}{12}$

(12) $\dfrac{7}{10}+\dfrac{8}{5}$

(13) $\dfrac{41}{15}-\dfrac{11}{10}$

(14) $\dfrac{11}{12}+\dfrac{3}{16}$

(15) $\dfrac{5}{12}+\dfrac{17}{18}$

(16) $\dfrac{49}{16}-\dfrac{5}{6}$

4 分数のたし算とひき算 —— ④

問題 $1\frac{1}{6} + 2\frac{3}{4}$ を計算し，答えは仮分数で表しましょう。

考え方 帯分数を仮分数に直してから計算します。

$$1\frac{1}{6} + 2\frac{3}{4} = \frac{7}{6} + \frac{11}{4} = \frac{14}{12} + \frac{33}{12} = \frac{47}{12}$$

答え $\frac{47}{12}$

1 次の計算をし，答えは仮分数で表しましょう。 [1問 5点]

(1) $1\frac{2}{3} + \frac{1}{6}$

(2) $\frac{3}{4} + 1\frac{5}{12}$

(3) $3\frac{1}{2} + 1\frac{2}{3}$

(4) $3\frac{1}{3} + 2\frac{2}{5}$

(5) $2\frac{1}{3} + 3\frac{1}{6}$

(6) $2\frac{1}{6} + 1\frac{3}{8}$

(7) $2\frac{3}{4} + 1\frac{2}{5}$

(8) $1\frac{4}{5} + 2\frac{3}{4}$

(9) $1\frac{3}{7} + 3\frac{1}{2}$

(10) $3\frac{1}{9} + 4\frac{2}{3}$

問題 $3\frac{1}{6} - 1\frac{1}{3}$ を計算し，答えは仮分数（かぶんすう）で表しましょう。

考え方 帯分数（たいぶんすう）を仮分数に直してから計算します。

$$3\frac{1}{6} - 1\frac{1}{3} = \frac{19}{6} - \frac{4}{3} = \frac{19}{6} - \frac{8}{6} = \frac{11}{6}$$

答え $\frac{11}{6}$

2 次の計算をし，答えは仮分数または真分数で表しましょう。　[1問 5点]

(1) $2\frac{5}{12} - \frac{3}{4}$

(2) $5\frac{4}{9} - \frac{2}{3}$

(3) $3\frac{2}{5} - 1\frac{7}{15}$

(4) $4\frac{1}{9} - 1\frac{5}{6}$

(5) $7\frac{1}{2} - 3\frac{1}{3}$

(6) $4\frac{1}{4} - 2\frac{1}{6}$

(7) $5\frac{5}{6} - 3\frac{3}{8}$

(8) $5\frac{3}{4} - 2\frac{2}{3}$

(9) $3\frac{2}{5} - 1\frac{1}{4}$

(10) $4\frac{4}{9} - 2\frac{1}{12}$

 **5** 「分数のたし算とひき算」のまとめ

1 $\frac{1}{12}$ kg の重さの入れ物にさとうを入れると，全体の重さは $\frac{5}{4}$ kg になりました。入れたさとうの重さは何 kg でしょう。 [15点]

式 _____

答え _____

2 午前中に $\frac{3}{4}$ 時間，午後から $\frac{7}{12}$ 時間本を読みました。今日，読書をしたのは何時間でしょう。 [15点]

式 _____

答え _____

3 $\frac{15}{2}$ m のロープから $\frac{21}{4}$ m のロープを切り取りました。残(のこ)りは何 m ですか。 [15点]

式 _____

答え _____

4 まわりの長さが $\dfrac{9}{2}$ cm の二等辺三角形で，等しい辺の長さが $\dfrac{4}{3}$ cm であるとき，残りの辺の長さは何 cm ですか。 [15点]

式

答え

5 ジュースが，大きいビンに $\dfrac{3}{4}$ L，小さいビンに $\dfrac{1}{2}$ L 入っています。これを合わせてから5人で1L飲むと，残りは何Lになりますか。 [20点]

式

答え

6 たてが $\dfrac{5}{4}$ cm，横が $\dfrac{7}{6}$ cm である長方形のまわりの長さは何 cm ですか。 [20点]

式

答え

文字と式 ― ①

問題 x の値が9のとき，$x \times 3 + 2$ の値を求めましょう。

考え方 □ を使った式では

$$□ \times 3 + 2$$

と表されますが，□ にかわって文字 x を使います。

x の値が9のとき，□ に9をあてはめるのと同じように，x に9を
あてはめて計算します。

$$x \times 3 + 2 = 9 \times 3 + 2 = 27 + 2 = 29$$

答え 29

1

x が次の値のとき，$5 \times x - 3$ の値を求めましょう。

[1問 5点]

(1) $x = 3$

(2) $x = 4$

(3) $x = 5$

(4) $x = 9$

(5) $x = 2.4$

(6) $x = 3.8$

(7) $x = 0.8$

(8) $x = 4.6$

x が次の値のとき，$x \div 2 + 5$ の値を求めましょう。　［1問　5点］

(1)　$x = 4$　　　　　　　(2)　$x = 6$

(3)　$x = 8$　　　　　　　(4)　$x = 12$

(5)　$x = 3$　　　　　　　(6)　$x = 5$

(7)　$x = 9$　　　　　　　(8)　$x = 15$

 x が次の値のとき，$x \times x - 4$ の値を求めましょう。　［1問　5点］

(1)　$x = 3$　　　　　　　(2)　$x = 5$

(3)　$x = 6$　　　　　　　(4)　$x = 9$

7 文字と式 ― ②

問題 次の式の x にあてはまる数を求めましょう。

(1) $x + 2 = 6$　　　(2) $3 + x = 9$

考え方 図をかいて考えると，わかりやすくなります。

(1) $x + 2 = 6$ より　$x = 6 - 2 = 4$

(2) $3 + x = 9$ より　$x = 9 - 3 = 6$

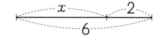

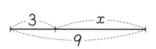

答え (1) $x = 4$　　(2) $x = 6$

1 次の式の x にあてはまる数を求めましょう。　　　[1問 5点]

(1) $x + 3 = 7$

(2) $4 + x = 9$

(3) $x + 6 = 13$

(4) $8 + x = 15$

(5) $x + 12 = 27$

(6) $10 + x = 21$

(7) $x + 3.6 = 8.4$

(8) $2.7 + x = 6.5$

(9) $x + \dfrac{1}{2} = \dfrac{2}{3}$

(10) $\dfrac{3}{4} + x = \dfrac{7}{6}$

勉強した日　月　日

時間　**20分**
合格点　**80点**
答え　別冊 5ページ
得点　　　点
色をぬろう　60　80　100

問題　次の式の x にあてはまる数を求めましょう。

(1)　$x - 7 = 11$　　　(2)　$12 - x = 4$

考え方　図をかいて考えます。(2)は，ひき算になることに注意します。

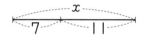

(1)　$x - 7 = 11$ より　$x = 11 + 7 = 18$

(2)　$12 - x = 4$ より　$x = 12 - 4 = 8$

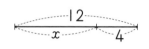

答え　(1)　$x = 18$　　(2)　$x = 8$

2　次の式の x にあてはまる数を求めましょう。

[1問　5点]

(1)　$x - 3 = 8$　　　　　(2)　$x - 7 = 2$

(3)　$9 - x = 4$　　　　　(4)　$15 - x = 8$

(5)　$x - 24 = 36$　　　　(6)　$52 - x = 13$

(7)　$x - 6.5 = 9$　　　　(8)　$8.4 - x = 6.9$

(9)　$x - \dfrac{2}{3} = \dfrac{11}{6}$　　　(10)　$\dfrac{5}{4} - x = \dfrac{1}{6}$

 **文字と式 — ③**

問題 次の式の x にあてはまる数を求めましょう。

(1) $3 \times x = 24$　　　(2) $x \times 14 = 70$

考え方 かけ算の式にあてはまる数を求めるときは、わり算になります。

(1) $3 \times x = 24$ より　$x = 24 \div 3 = 8$

(2) $x \times 14 = 70$ より　$14 \times x = 70$　　$x = 70 \div 14 = 5$

答え (1) $x = 8$　(2) $x = 5$

---

1 次の式の x にあてはまる数を求めましょう。

[1問 5点]

(1) $5 \times x = 40$ 　　　　(2) $x \times 7 = 56$

(3) $x \times 8 = 120$ 　　　　(4) $6 \times x = 84$

(5) $12 \times x = 60$ 　　　　(6) $x \times 24 = 552$

(7) $2.5 \times x = 10$ 　　　　(8) $x \times 4.5 = 11.7$

(9) $x \times 12 = 5$ 　　　　(10) $x \times 14 = 3$

問題 次の式の x にあてはまる数を求めましょう。

(1) $x \div 9 = 4$　　　　(2) $72 \div x = 9$

考え方 わられる数＝わる数×商の関係を用いて，かけ算の式に直して考えます。

(1) $x \div 9 = 4$ より　$x = 9 \times 4 = 36$

(2) $72 \div x = 9$ より　$72 = x \times 9$　　よって　$x = 72 \div 9 = 8$

答え (1) $x = 36$　　(2) $x = 8$

2 次の式の x にあてはまる数を求めましょう。　　　　［1問 5点］

(1) $x \div 4 = 5$　　　　　　(2) $x \div 7 = 14$

(3) $56 \div x = 8$　　　　　(4) $48 \div x = 4$

(5) $x \div 12 = 3$　　　　　(6) $32 \div x = 8$

(7) $x \div 3.5 = 1.4$　　　(8) $9.6 \div x = 1.2$

(9) $x \div 2.5 = 8$　　　　(10) $1.44 \div x = 0.4$

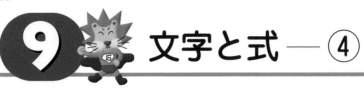

9 文字と式 ── ④

問題 $x×3+5=26$ にあてはまる x の値を求めましょう。

考え方 ある数 x を3倍して5をたすと

26になります。

順にもどして考えると

$$x×3=26-5=21$$

$$x=21÷3=7$$

答え $x=7$

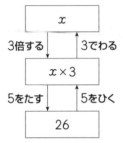

1 次の式の x にあてはまる数を求めましょう。

[1問 5点]

(1) $x×2+1=7$

(2) $x×4-3=5$

(3) $x×3+5=8$

(4) $x×6-8=16$

(5) $5×x+7=42$

(6) $8×x-18=30$

(7) $7×x+5=40$

(8) $9×x-20=61$

2　次の式の x にあてはまる数を求めましょう。

[1問　5点]

(1) $x + 5 = 17$　　　　(2) $9 + x = 15$

(3) $x - 8 = 24$　　　　(4) $18 - x = 13$

(5) $4 \times x = 28$　　　　(6) $x \times 15 = 75$

(7) $x \div 3 = 18$　　　　(8) $72 \div x = 12$

(9) $x \times 3 - 15 = 45$　　　　(10) $x \times 6 + 12 = 96$

(11) $7 \times x + 16 = 100$　　　　(12) $8 \times x - 38 = 90$

10 文字と式 ─ ⑤

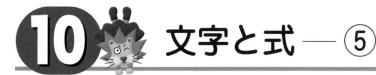

問題 1枚5円の画用紙を x 枚買うときの代金を y 円とするとき，次の問いに答えましょう。

(1) x と y の関係を表す式をつくりましょう。

(2) $x=20$ のとき，y の値を求めましょう。

(3) $y=75$ のとき，x の値を求めましょう。

考え方 (1) **代金＝5×枚数**より $y=5×x$

(2) $y=5×20=100$

(3) $75=5×x$ より $x=75÷5=15$

答え (1) $y=5×x$　　(2) $y=100$　　(3) $x=15$

1 たてが6cm，横が x cmである長方形の面積を y cm² とするとき，次の問いに答えましょう。

［1問 10点］

(1) x と y の関係を表す式をつくりましょう。

(2) $x=4$ のとき，y の値を求めましょう。

(3) $x=6.5$ のとき，y の値を求めましょう。

(4) $y=84$ のとき，x の値を求めましょう。

② 長さが90cmのテープのうち，$x$cmを使ったときの残りの長さを$y$cmとするとき，次の問いに答えましょう。　　　　　　　　　　　　［1問　10点］

(1)　xとyの関係を表す式をつくりましょう。

(2)　$x=35$のとき，yの値を求めましょう。

(3)　$y=27$のとき，xの値を求めましょう。

③ 1200gのさとうをx等分したときの1つ分の量をygとするとき，次の問いに答えましょう。　　　　　　　　　　　　［1問　10点］

(1)　xとyの関係を表す式をつくりましょう。

(2)　$x=80$のとき，yの値を求めましょう。

(3)　$y=75$のとき，xの値を求めましょう。

 **「文字と式」のまとめ**

 100枚の色紙があります。1人に3枚ずつ，x人に配ったとき，色紙の残りの枚数を，xを使った式で表しましょう。また，x＝12のときの，残りの枚数を求めましょう。　[20点]

式 _____

x＝12のときの残りの枚数 _____

 1本60円のえんぴつを何本かと，1個80円の消しゴムを1個買うと，代金は320円でした。買ったえんぴつは何本でしょう。　[15点]

式 _____

答え _____

 ある数を4倍して9をひくと47になりました。ある数を求めましょう。　[15点]

式 _____

答え _____

25

④ 85 をある数でわると，商が 12 で余りが 1 になりました。ある数を求めましょう。 [15点]

式

答え

⑤ ジュースを 24 本買うと，60 円安くしてくれて，代金は 3300 円でした。ジュースの，もとの値段は 1 本何円でしょう。 [15点]

式

答え

⑥ 1辺の長さが x cm である正六角形のまわりの長さを y cm とするとき，x と y の関係を式で表しましょう。また，$x=5$ のときの y の値を求めましょう。 [20点]

式

$x=5$ のときの y の値

分数のかけ算とわり算 —— ①

問題 $\dfrac{2}{3} \times 4$ を計算しましょう。

考え方 $\dfrac{1}{3}$ をもとにして考えると，$\dfrac{2}{3}$ は $\dfrac{1}{3}$ の2個分です。

その4倍ですから，$\dfrac{1}{3}$ の $2 \times 4 = 8$ 個分で，$\dfrac{8}{3}$ になります。

つまり，$\dfrac{2}{3} \times 4 = \dfrac{2 \times 4}{3} = \dfrac{8}{3}$

このように，**分数に整数をかける計算は，分母はそのままにして，分子にその整数をかけます。**

$$\frac{\bigcirc}{\square} \times \triangle = \frac{\bigcirc \times \triangle}{\square}$$

答え $\dfrac{8}{3}$

次の計算をしましょう。

[1問 4点]

(1) $\dfrac{1}{2} \times 3$

(2) $\dfrac{1}{3} \times 4$

(3) $\dfrac{2}{3} \times 7$

(4) $\dfrac{3}{4} \times 5$

(5) $\dfrac{2}{5} \times 3$

(6) $\dfrac{5}{6} \times 5$

(7) $\dfrac{2}{7} \times 3$

(8) $\dfrac{4}{9} \times 2$

次の計算をしましょう。

[(1)～(12)　1問　4点, (13)～(16)　1問　5点]

(1) $\dfrac{3}{2} \times 5$

(2) $\dfrac{4}{3} \times 2$

(3) $\dfrac{5}{4} \times 7$

(4) $\dfrac{3}{5} \times 4$

(5) $\dfrac{3}{11} \times 2$

(6) $\dfrac{7}{9} \times 5$

(7) $\dfrac{3}{7} \times 6$

(8) $\dfrac{7}{8} \times 3$

(9) $\dfrac{5}{6} \times 7$

(10) $\dfrac{2}{9} \times 5$

(11) $\dfrac{4}{5} \times 9$

(12) $\dfrac{5}{3} \times 2$

(13) $\dfrac{4}{7} \times 5$

(14) $\dfrac{5}{8} \times 3$

(15) $\dfrac{2}{15} \times 7$

(16) $\dfrac{3}{19} \times 9$

分数のかけ算とわり算 ― ②

問題 $\dfrac{3}{4} \times 6$ を計算しましょう。

考え方 計算のとちゅうで約分できるときは，先に**約分してから計算**します。

$$\dfrac{3}{4} \times 6 = \dfrac{3 \times \overset{3}{6}}{\underset{2}{4}} = \dfrac{3 \times 3}{2} = \dfrac{9}{2}$$

答え $\dfrac{9}{2}$

 次の計算をしましょう。

[1問 4点]

(1) $\dfrac{1}{6} \times 4$

(2) $\dfrac{3}{8} \times 4$

(3) $\dfrac{5}{12} \times 3$

(4) $\dfrac{2}{9} \times 6$

(5) $\dfrac{5}{2} \times 6$

(6) $\dfrac{7}{15} \times 5$

(7) $\dfrac{5}{8} \times 12$

(8) $\dfrac{3}{8} \times 6$

勉強した日　月　日　時間 **20分**　合格点 **80点**　答え 別冊 **8ページ**　得点　点　色をぬろう 60 80 100

 次の計算をしましょう。

[(1)～(12) 1問 4点, (13)～(16) 1問 5点]

(1) $\dfrac{5}{6} \times 3$　　(2) $\dfrac{7}{4} \times 8$

(3) $\dfrac{3}{10} \times 5$　　(4) $\dfrac{7}{12} \times 10$

(5) $\dfrac{3}{4} \times 8$　　(6) $\dfrac{5}{14} \times 8$

(7) $\dfrac{9}{10} \times 15$　　(8) $\dfrac{5}{6} \times 15$

(9) $\dfrac{8}{5} \times 10$　　(10) $\dfrac{4}{9} \times 12$

(11) $\dfrac{4}{5} \times 10$　　(12) $\dfrac{5}{3} \times 6$

(13) $\dfrac{4}{3} \times 9$　　(14) $\dfrac{5}{9} \times 3$

(15) $\dfrac{7}{15} \times 6$　　(16) $\dfrac{5}{18} \times 9$

 **14** 分数のかけ算とわり算 ── ③

問題 $\dfrac{8}{5} \div 4$を計算しましょう。

考え方 $\dfrac{1}{5}$をもとにして考えると，$\dfrac{8}{5}$は$\dfrac{1}{5}$の8個分です。

その4等分ですから，$\dfrac{1}{5}$の$8 \div 4 = 2$個分で，$\dfrac{2}{5}$になります。

つまり，$\dfrac{8}{5} \div 4 = \dfrac{8 \div 4}{5} = \dfrac{2}{5}$

答え $\dfrac{2}{5}$

1 次の計算をしましょう。

[1問 6点]

(1) $\dfrac{9}{2} \div 3$

(2) $\dfrac{8}{3} \div 2$

(3) $\dfrac{10}{3} \div 5$

(4) $\dfrac{7}{4} \div 7$

(5) $\dfrac{12}{5} \div 6$

(6) $\dfrac{15}{4} \div 3$

(7) $\dfrac{6}{7} \div 2$

(8) $\dfrac{18}{7} \div 9$

勉強した日　月　日

時間 **20分**　合格点 **80点**　答え 別冊 **9ページ**

得点　点

色をぬろう
60 80 100

問題 $\dfrac{5}{4} \div 2$ を計算しましょう。

考え方　分数の分母と分子に同じ数をかけても，分数の大きさ
は変わらないから，

$$\boxed{\dfrac{5}{4} \div 2} = \dfrac{5 \div 2}{4} = \dfrac{5 \div 2 \times 2}{4 \times 2} = \boxed{\dfrac{5}{4 \times 2}} = \dfrac{5}{8}$$

このように，**分数を整数でわる計算は，
分子はそのままにして，分母にその整数
をかけます。**

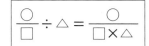

答え　$\dfrac{5}{8}$

次の計算をしましょう。　　[(1)〜(4) 1問 6点, (5)〜(8) 1問 7点]

(1)　$\dfrac{1}{4} \div 3$

(2)　$\dfrac{3}{7} \div 4$

(3)　$\dfrac{5}{8} \div 2$

(4)　$\dfrac{5}{6} \div 4$

(5)　$\dfrac{1}{2} \div 7$

(6)　$\dfrac{4}{3} \div 5$

(7)　$\dfrac{2}{5} \div 9$

(8)　$\dfrac{5}{12} \div 3$

分数のかけ算とわり算 — ④

 次の計算をしましょう。

(1) $\dfrac{14}{3} \div 2$

(2) $\dfrac{14}{5} \div 7$

(3) $\dfrac{18}{7} \div 4$

(4) $\dfrac{20}{3} \div 15$

(5) $\dfrac{5}{12} \div 10$

(6) $\dfrac{6}{7} \div 12$

(7) $\dfrac{9}{10} \div 15$

(8) $\dfrac{8}{11} \div 16$

(9) $\dfrac{14}{15} \div 21$

(10) $\dfrac{14}{9} \div 8$

(11) $\dfrac{21}{4} \div 12$

(12) $\dfrac{7}{3} \div 2$

(13) $\dfrac{17}{5} \div 4$

(14) $\dfrac{10}{7} \div 6$

(15) $\dfrac{21}{8} \div 4$

(16) $\dfrac{9}{2} \div 8$

2 次の計算をしましょう。

(1) $\dfrac{11}{5} \div 4$　　　　(2) $\dfrac{15}{7} \div 9$

(3) $\dfrac{15}{8} \div 6$　　　　(4) $\dfrac{14}{13} \div 4$

(5) $\dfrac{9}{8} \div 8$　　　　(6) $\dfrac{18}{5} \div 12$

(7) $\dfrac{12}{11} \div 6$　　　　(8) $\dfrac{21}{5} \div 14$

(9) $\dfrac{10}{9} \div 7$　　　　(10) $\dfrac{3}{8} \div 15$

(11) $\dfrac{8}{13} \div 14$　　　　(12) $\dfrac{4}{15} \div 10$

(13) $\dfrac{12}{25} \div 16$　　　　(14) $\dfrac{25}{12} \div 15$

(15) $\dfrac{27}{8} \div 36$　　　　(16) $\dfrac{15}{2} \div 18$

 **16** 分数のかけ算とわり算 ― ⑤

問題 $\dfrac{3}{7} \times \dfrac{5}{8}$ を計算しましょう。

考え方 $\dfrac{5}{8} = 5 \div 8$ であることを利用して，

$$\dfrac{3}{7} \times \dfrac{5}{8} = \dfrac{3}{7} \times 5 \div 8 = \dfrac{3 \times 5}{7} \div 8 = \dfrac{3 \times 5}{7 \times 8} = \dfrac{15}{56}$$

このように，分数に分数をかけるときは，

分母どうし，分子どうしをかけます。

$$\dfrac{\bigcirc}{\square} \times \dfrac{\triangle}{\diamondsuit} = \dfrac{\bigcirc \times \triangle}{\square \times \diamondsuit}$$

答え $\dfrac{15}{56}$

 次の計算をしましょう。

[1問 4点]

(1) $\dfrac{2}{3} \times \dfrac{2}{5}$

(2) $\dfrac{1}{2} \times \dfrac{5}{6}$

(3) $\dfrac{5}{7} \times \dfrac{1}{3}$

(4) $\dfrac{1}{5} \times \dfrac{4}{3}$

(5) $\dfrac{4}{9} \times \dfrac{2}{3}$

(6) $\dfrac{5}{8} \times \dfrac{4}{7}$

(7) $\dfrac{3}{4} \times \dfrac{2}{7}$

(8) $\dfrac{2}{3} \times \dfrac{5}{9}$

次の計算をしましょう。

[(1)～(12)　1問　4点，(13)～(16)　1問　5点]

(1) $\dfrac{5}{6} \times \dfrac{1}{9}$

(2) $\dfrac{2}{11} \times \dfrac{5}{8}$

(3) $\dfrac{1}{6} \times \dfrac{3}{8}$

(4) $\dfrac{5}{13} \times \dfrac{3}{10}$

(5) $\dfrac{5}{9} \times \dfrac{3}{7}$

(6) $\dfrac{7}{8} \times \dfrac{4}{5}$

(7) $\dfrac{5}{8} \times \dfrac{7}{10}$

(8) $\dfrac{5}{6} \times \dfrac{4}{9}$

(9) $\dfrac{6}{7} \times \dfrac{2}{9}$

(10) $\dfrac{12}{13} \times \dfrac{4}{3}$

(11) $\dfrac{7}{12} \times \dfrac{9}{8}$

(12) $\dfrac{1}{4} \times \dfrac{8}{3}$

(13) $\dfrac{5}{2} \times \dfrac{7}{10}$

(14) $\dfrac{6}{25} \times \dfrac{1}{12}$

(15) $\dfrac{7}{6} \times \dfrac{5}{14}$

(16) $\dfrac{11}{8} \times \dfrac{1}{22}$

17 分数のかけ算とわり算 ── ⑥

1 次の計算をしましょう。

[1問 3点]

(1) $\dfrac{3}{4} \times \dfrac{5}{6}$

(2) $\dfrac{3}{5} \times \dfrac{1}{3}$

(3) $\dfrac{2}{3} \times \dfrac{4}{5}$

(4) $\dfrac{1}{6} \times \dfrac{7}{4}$

(5) $\dfrac{7}{10} \times \dfrac{5}{14}$

(6) $\dfrac{3}{8} \times \dfrac{2}{9}$

(7) $\dfrac{10}{11} \times \dfrac{3}{5}$

(8) $\dfrac{2}{3} \times \dfrac{7}{8}$

(9) $\dfrac{5}{8} \times \dfrac{3}{10}$

(10) $\dfrac{5}{12} \times \dfrac{3}{7}$

(11) $\dfrac{9}{11} \times \dfrac{2}{3}$

(12) $\dfrac{5}{16} \times \dfrac{8}{9}$

(13) $\dfrac{9}{10} \times \dfrac{2}{3}$

(14) $\dfrac{5}{4} \times \dfrac{8}{15}$

(15) $\dfrac{11}{6} \times \dfrac{6}{7}$

(16) $\dfrac{7}{12} \times \dfrac{4}{5}$

次の計算をしましょう。

[(1)〜(12)　1問　3点，(13)〜(16)　1問　4点]

(1) $\dfrac{3}{8} \times \dfrac{7}{6}$

(2) $\dfrac{6}{7} \times \dfrac{8}{9}$

(3) $\dfrac{7}{10} \times \dfrac{5}{7}$

(4) $\dfrac{7}{9} \times \dfrac{3}{14}$

(5) $\dfrac{5}{7} \times \dfrac{14}{15}$

(6) $\dfrac{1}{2} \times \dfrac{6}{13}$

(7) $\dfrac{2}{3} \times \dfrac{5}{3}$

(8) $\dfrac{6}{25} \times \dfrac{5}{9}$

(9) $\dfrac{3}{8} \times \dfrac{4}{21}$

(10) $\dfrac{9}{8} \times \dfrac{5}{6}$

(11) $\dfrac{5}{9} \times \dfrac{3}{5}$

(12) $\dfrac{35}{36} \times \dfrac{16}{45}$

(13) $\dfrac{4}{9} \times \dfrac{7}{12}$

(14) $\dfrac{7}{20} \times \dfrac{5}{14}$

(15) $\dfrac{7}{24} \times \dfrac{4}{21}$

(16) $\dfrac{9}{16} \times \dfrac{8}{27}$

18 分数のかけ算とわり算 — ⑦

 次の計算をしましょう。

[1問 3点]

(1) $\dfrac{5}{3} \times \dfrac{9}{2}$

(2) $\dfrac{9}{4} \times \dfrac{5}{3}$

(3) $\dfrac{15}{7} \times \dfrac{7}{6}$

(4) $\dfrac{13}{4} \times \dfrac{5}{7}$

(5) $\dfrac{9}{2} \times \dfrac{2}{3}$

(6) $\dfrac{15}{7} \times \dfrac{14}{15}$

(7) $\dfrac{3}{4} \times \dfrac{7}{6}$

(8) $\dfrac{7}{8} \times \dfrac{24}{11}$

(9) $\dfrac{11}{4} \times \dfrac{4}{5}$

(10) $\dfrac{12}{5} \times \dfrac{5}{9}$

(11) $\dfrac{7}{4} \times \dfrac{12}{5}$

(12) $\dfrac{7}{3} \times \dfrac{9}{14}$

(13) $\dfrac{16}{5} \times \dfrac{3}{5}$

(14) $\dfrac{9}{5} \times \dfrac{10}{7}$

(15) $\dfrac{20}{3} \times \dfrac{9}{5}$

(16) $\dfrac{15}{8} \times \dfrac{16}{9}$

勉強した日　月　日　時間 **20分**　合格点 **80点**　答え 別冊 **11** ページ　得点 　点　色をぬろう 60 80 100

② 次の計算をしましょう。

[(1)～(12)　1問　3点,　(13)～(16)　1問　4点]

(1) $\dfrac{7}{4} \times \dfrac{2}{3}$

(2) $\dfrac{7}{2} \times \dfrac{3}{7}$

(3) $\dfrac{8}{3} \times \dfrac{3}{4}$

(4) $\dfrac{14}{9} \times \dfrac{6}{7}$

(5) $\dfrac{5}{9} \times \dfrac{14}{5}$

(6) $\dfrac{2}{9} \times \dfrac{9}{2}$

(7) $\dfrac{3}{4} \times \dfrac{13}{6}$

(8) $\dfrac{7}{8} \times \dfrac{24}{7}$

(9) $\dfrac{5}{9} \times \dfrac{11}{15}$

(10) $\dfrac{3}{7} \times \dfrac{28}{9}$

(11) $\dfrac{5}{3} \times \dfrac{9}{4}$

(12) $\dfrac{5}{2} \times \dfrac{7}{5}$

(13) $\dfrac{7}{11} \times \dfrac{33}{7}$

(14) $\dfrac{21}{4} \times \dfrac{8}{3}$

(15) $\dfrac{21}{5} \times \dfrac{3}{10}$

(16) $\dfrac{22}{3} \times \dfrac{12}{11}$

分数のかけ算とわり算 —— ⑧

問題 $3\frac{1}{3} \times 2\frac{2}{5}$ を計算しましょう。

考え方 帯分数を仮分数に直してから計算します。

とちゅうで約分できるときは，先に約分します。

$$3\frac{1}{3} \times 2\frac{2}{5} = \frac{10}{3} \times \frac{12}{5} = \frac{\overset{2}{10} \times \overset{4}{12}}{\underset{1}{3} \times \underset{1}{5}} = 8$$

答え 8

次の計算をし，答えは仮分数または整数で表しましょう。 [1問 5点]

(1) $3\frac{1}{2} \times 1\frac{1}{4}$

(2) $2\frac{3}{8} \times 1\frac{1}{7}$

(3) $1\frac{7}{9} \times 2\frac{1}{4}$

(4) $2\frac{1}{3} \times 1\frac{1}{2}$

(5) $3\frac{3}{4} \times 2\frac{4}{5}$

(6) $4\frac{2}{5} \times 1\frac{6}{11}$

(7) $2\frac{1}{6} \times 3\frac{2}{13}$

(8) $3\frac{2}{7} \times 2\frac{1}{3}$

次の計算をし，答えは帯分数または整数で表しましょう。　［1問　5点］

(1) $1\dfrac{3}{5} \times 3\dfrac{3}{4}$

(2) $2\dfrac{1}{8} \times 1\dfrac{5}{7}$

(3) $3\dfrac{5}{6} \times 1\dfrac{1}{2}$

(4) $2\dfrac{4}{5} \times 3\dfrac{3}{7}$

(5) $4\dfrac{3}{7} \times 1\dfrac{5}{9}$

(6) $1\dfrac{5}{9} \times 2\dfrac{6}{7}$

(7) $2\dfrac{4}{7} \times 3\dfrac{2}{9}$

(8) $4\dfrac{3}{5} \times 1\dfrac{7}{8}$

(9) $3\dfrac{4}{7} \times 2\dfrac{1}{10}$

(10) $2\dfrac{1}{3} \times 3\dfrac{3}{4}$

(11) $1\dfrac{2}{5} \times 2\dfrac{1}{7}$

(12) $3\dfrac{5}{9} \times 1\dfrac{11}{16}$

分数のかけ算とわり算 ── ⑨

問題 $\frac{3}{7} \div \frac{5}{8}$ を計算しましょう。

考え方 わり算では，わられる数とわる数に同じ数をかけても商は変わらないので，それぞれ8をかけて，

$$\frac{3}{7} \div \frac{5}{8} = \left(\frac{3}{7} \times 8\right) \div \left(\frac{5}{8} \times 8\right) = \frac{3 \times 8}{7} \div 5$$

$$= \frac{3 \times 8}{7 \times 5} = \frac{24}{35}$$

このように，**分数でわるわり算は，わる数の逆数（分母と分子を入れかえた数）をかけます。**

$$\frac{\bigcirc}{\square} \div \frac{\triangle}{\diamondsuit} = \frac{\bigcirc}{\square} \times \frac{\diamondsuit}{\triangle} = \frac{\bigcirc \times \diamondsuit}{\square \times \triangle}$$

分母と分子を入れかえてかける

答え $\frac{24}{35}$

1 次の計算をしましょう。

[1問　4点]

(1) $\frac{1}{5} \div \frac{2}{3}$

(2) $\frac{2}{7} \div \frac{1}{3}$

(3) $\frac{3}{8} \div \frac{2}{5}$

(4) $\frac{1}{6} \div \frac{3}{7}$

(5) $\frac{4}{9} \div \frac{3}{5}$

(6) $\frac{2}{11} \div \frac{4}{3}$

(7) $\frac{1}{4} \div \frac{7}{8}$

(8) $\frac{2}{5} \div \frac{3}{10}$

次の計算をしましょう。　[(1)〜(12)　1問　4点, (13)〜(16)　1問　5点]

(1)　$\dfrac{2}{3} \div \dfrac{7}{6}$　　　　(2)　$\dfrac{3}{14} \div \dfrac{1}{4}$

(3)　$\dfrac{5}{8} \div \dfrac{3}{10}$　　　　(4)　$\dfrac{5}{12} \div \dfrac{3}{4}$

(5)　$\dfrac{4}{9} \div \dfrac{2}{3}$　　　　(6)　$\dfrac{8}{15} \div \dfrac{3}{7}$

(7)　$\dfrac{2}{3} \div \dfrac{7}{9}$　　　　(8)　$\dfrac{5}{8} \div \dfrac{5}{12}$

(9)　$\dfrac{3}{4} \div \dfrac{9}{10}$　　　　(10)　$\dfrac{3}{7} \div \dfrac{9}{14}$

(11)　$\dfrac{5}{6} \div \dfrac{10}{11}$　　　　(12)　$\dfrac{2}{9} \div \dfrac{5}{6}$

(13)　$\dfrac{3}{7} \div \dfrac{3}{5}$　　　　(14)　$\dfrac{3}{4} \div \dfrac{4}{9}$

(15)　$\dfrac{1}{4} \div \dfrac{3}{5}$　　　　(16)　$\dfrac{7}{6} \div \dfrac{4}{7}$

21 分数のかけ算とわり算 — ⑩

1 次の計算をしましょう。

[1問 3点]

(1) $\dfrac{4}{7} \div \dfrac{5}{6}$

(2) $\dfrac{3}{4} \div \dfrac{4}{9}$

(3) $\dfrac{5}{4} \div \dfrac{2}{5}$

(4) $\dfrac{7}{6} \div \dfrac{3}{7}$

(5) $\dfrac{1}{3} \div \dfrac{8}{9}$

(6) $\dfrac{1}{8} \div \dfrac{7}{12}$

(7) $\dfrac{5}{8} \div \dfrac{5}{16}$

(8) $\dfrac{3}{7} \div \dfrac{3}{8}$

(9) $\dfrac{3}{11} \div \dfrac{6}{13}$

(10) $\dfrac{17}{12} \div \dfrac{3}{4}$

(11) $\dfrac{5}{8} \div \dfrac{6}{7}$

(12) $\dfrac{1}{10} \div \dfrac{6}{5}$

(13) $\dfrac{4}{3} \div \dfrac{8}{11}$

(14) $\dfrac{8}{9} \div \dfrac{3}{4}$

(15) $\dfrac{5}{12} \div \dfrac{5}{3}$

(16) $\dfrac{7}{8} \div \dfrac{2}{3}$

2　次の計算をしましょう。

(1)　$\dfrac{5}{7} \div \dfrac{10}{21}$　　　　(2)　$\dfrac{7}{12} \div \dfrac{10}{9}$

(3)　$\dfrac{8}{7} \div \dfrac{7}{10}$　　　　(4)　$\dfrac{5}{8} \div \dfrac{7}{16}$

(5)　$\dfrac{7}{15} \div \dfrac{14}{5}$　　　　(6)　$\dfrac{10}{11} \div \dfrac{5}{13}$

(7)　$\dfrac{4}{9} \div \dfrac{5}{8}$　　　　(8)　$\dfrac{5}{12} \div \dfrac{8}{9}$

(9)　$\dfrac{15}{16} \div \dfrac{3}{4}$　　　　(10)　$\dfrac{14}{15} \div \dfrac{5}{4}$

(11)　$\dfrac{5}{7} \div \dfrac{25}{28}$　　　　(12)　$\dfrac{5}{8} \div \dfrac{13}{15}$

(13)　$\dfrac{4}{3} \div \dfrac{8}{9}$　　　　(14)　$\dfrac{5}{6} \div \dfrac{8}{15}$

(15)　$\dfrac{5}{8} \div \dfrac{9}{10}$　　　　(16)　$\dfrac{13}{24} \div \dfrac{8}{3}$

22 分数のかけ算とわり算 ── ⑪

1 次の計算をしましょう。 ［1問 3点］

(1) $\dfrac{7}{4} \div \dfrac{1}{3}$

(2) $\dfrac{8}{3} \div \dfrac{5}{7}$

(3) $\dfrac{7}{6} \div \dfrac{3}{5}$

(4) $\dfrac{12}{7} \div \dfrac{3}{8}$

(5) $\dfrac{7}{3} \div \dfrac{5}{6}$

(6) $\dfrac{11}{8} \div \dfrac{1}{4}$

(7) $\dfrac{3}{4} \div \dfrac{5}{3}$

(8) $\dfrac{2}{5} \div \dfrac{11}{6}$

(9) $\dfrac{7}{8} \div \dfrac{14}{3}$

(10) $\dfrac{9}{10} \div \dfrac{5}{2}$

(11) $\dfrac{7}{2} \div \dfrac{21}{8}$

(12) $\dfrac{11}{6} \div \dfrac{22}{9}$

(13) $\dfrac{9}{4} \div \dfrac{11}{4}$

(14) $\dfrac{18}{7} \div \dfrac{6}{5}$

(15) $\dfrac{26}{7} \div \dfrac{19}{14}$

(16) $\dfrac{24}{7} \div \dfrac{15}{4}$

次の計算をしましょう。

[(1)〜(12)　1問　3点, (13)〜(16)　1問　4点]

(1) $\dfrac{10}{3} \div \dfrac{7}{3}$

(2) $\dfrac{13}{6} \div \dfrac{26}{7}$

(3) $\dfrac{3}{4} \div \dfrac{21}{8}$

(4) $\dfrac{39}{5} \div \dfrac{26}{3}$

(5) $\dfrac{8}{3} \div \dfrac{24}{5}$

(6) $\dfrac{22}{7} \div \dfrac{11}{3}$

(7) $\dfrac{17}{6} \div \dfrac{34}{5}$

(8) $\dfrac{24}{7} \div \dfrac{12}{5}$

(9) $6 \div \dfrac{8}{9}$

(10) $8 \div \dfrac{4}{5}$

(11) $5 \div \dfrac{10}{3}$

(12) $7 \div \dfrac{5}{14}$

(13) $9 \div \dfrac{3}{7}$

(14) $3 \div \dfrac{8}{9}$

(15) $\dfrac{15}{8} \div \dfrac{25}{3}$

(16) $\dfrac{49}{6} \div \dfrac{14}{5}$

23 分数のかけ算とわり算 —— ⑫

問題 $4\dfrac{1}{6} \div 1\dfrac{2}{3}$ を計算し，答えは帯分数で表しましょう。

考え方 帯分数を仮分数に直してから計算します。

とちゅうで約分できるときは，先に約分します。

$$4\dfrac{1}{6} \div 1\dfrac{2}{3} = \dfrac{25}{6} \div \dfrac{5}{3} = \dfrac{25}{6} \times \dfrac{3}{5} = \dfrac{\overset{5}{25} \times \overset{1}{3}}{\underset{2}{6} \times \underset{1}{5}} = 2\dfrac{1}{2}$$

答え $2\dfrac{1}{2}$

1 次の計算をし，答えは真分数または仮分数で表しましょう。 ［1問　5点］

(1) $1\dfrac{1}{2} \div 3\dfrac{3}{4}$

(2) $2\dfrac{2}{3} \div 1\dfrac{1}{6}$

(3) $3\dfrac{1}{4} \div 2\dfrac{5}{8}$

(4) $2\dfrac{2}{5} \div 4\dfrac{2}{3}$

(5) $4\dfrac{3}{8} \div 1\dfrac{1}{4}$

(6) $3\dfrac{1}{7} \div 1\dfrac{1}{9}$

(7) $1\dfrac{5}{9} \div 2\dfrac{1}{3}$

(8) $2\dfrac{4}{7} \div 3\dfrac{6}{7}$

次の計算をしましょう。答えが1以上になるときは，帯分数または整数で表しましょう。

［1問　5点］

(1) $7\dfrac{1}{4} \div 3\dfrac{5}{8}$

(2) $1\dfrac{3}{4} \div 2\dfrac{5}{8}$

(3) $4\dfrac{4}{5} \div 3\dfrac{3}{4}$

(4) $2\dfrac{2}{9} \div 1\dfrac{2}{3}$

(5) $3\dfrac{6}{7} \div 2\dfrac{2}{5}$

(6) $2\dfrac{4}{9} \div 1\dfrac{1}{3}$

(7) $1\dfrac{5}{6} \div 3\dfrac{3}{10}$

(8) $2\dfrac{2}{3} \div 1\dfrac{5}{12}$

(9) $3\dfrac{8}{9} \div 2\dfrac{1}{3}$

(10) $4\dfrac{2}{7} \div 3\dfrac{3}{5}$

(11) $1\dfrac{3}{8} \div 4\dfrac{8}{9}$

(12) $2\dfrac{4}{7} \div 3\dfrac{3}{11}$

分数のかけ算とわり算 —— ⑬

次の計算をしましょう。

[1問 5点]

(1) $\dfrac{7}{4} \times \dfrac{2}{7} \times \dfrac{5}{3}$

(2) $\dfrac{7}{4} \times \dfrac{6}{5} \times \dfrac{5}{3}$

(3) $\dfrac{1}{2} \times \dfrac{2}{3} \div \dfrac{3}{4}$

(4) $\dfrac{4}{3} \times \dfrac{2}{3} \div \dfrac{5}{4}$

(5) $\dfrac{4}{5} \div \dfrac{3}{10} \times \dfrac{4}{3}$

(6) $\dfrac{12}{5} \div \dfrac{9}{8} \times \dfrac{25}{4}$

(7) $\dfrac{3}{2} \div \dfrac{4}{3} \div \dfrac{4}{5}$

(8) $\dfrac{3}{4} \div \dfrac{5}{3} \div \dfrac{9}{8}$

(9) $\dfrac{3}{2} \div \left(\dfrac{4}{3} \div \dfrac{4}{5} \right)$

(10) $\dfrac{3}{4} \div \left(\dfrac{5}{3} \div \dfrac{9}{8} \right)$

勉強した日　月　日

時間 **20分**　合格点 **80点**　答え 別冊 **14**ページ

得点　点

色をぬろう ☆ ☆ ☆　60 80 100

 次の計算をしましょう。

[1問　5点]

(1) $\left(\dfrac{1}{3} + \dfrac{3}{2} \right) \times 6$

(2) $\dfrac{12}{7} \times \left(\dfrac{5}{4} + \dfrac{2}{3} \right)$

(3) $\left(\dfrac{4}{3} - \dfrac{3}{5} \right) \times 15$

(4) $\dfrac{24}{5} \times \left(\dfrac{7}{3} - \dfrac{9}{8} \right)$

(5) $\dfrac{5}{4} \times \dfrac{3}{10} + \dfrac{5}{8}$

(6) $\dfrac{5}{7} - \dfrac{1}{3} \times \dfrac{6}{7}$

(7) $\dfrac{1}{4} + \dfrac{4}{3} \div \dfrac{8}{9}$

(8) $\dfrac{25}{22} \div \dfrac{6}{11} - \dfrac{4}{3}$

(9) $\dfrac{5}{6} \div \left(\dfrac{4}{3} \times \dfrac{3}{2} \right)$

(10) $\dfrac{6}{5} \div \left(\dfrac{3}{4} \div \dfrac{5}{3} \right)$

 「分数のかけ算とわり算」のまとめ

 たて $\frac{4}{7}$ m，横 $\frac{2}{5}$ m の長方形の面積を求めましょう。　　[15点]

式

答え

 テープを70cm切り取りました。これは，テープのもとの長さの $\frac{5}{6}$ です。テープのもとの長さは何cmでしょう。　　[15点]

式

答え

 1mの重さが $\frac{3}{8}$ kgの鉄の棒があります。この鉄の棒 $\frac{14}{9}$ mの重さは何kgでしょう。　　[15点]

式

答え

4 $\dfrac{3}{2}$ L のジュースを $\dfrac{1}{4}$ L ずつ分けます。 何人に分けられるでしょう。

[15点]

式 _____

答え _____

5 姉は $\dfrac{7}{6}$ m，妹は $\dfrac{8}{5}$ m のリボンを持っています。 姉のリボンの長さは妹のリボンの何倍ですか。

[20点]

式 _____

答え _____

6 たてが $2\dfrac{1}{2}$ cm，横が $3\dfrac{1}{3}$ cm，高さが $1\dfrac{1}{5}$ cm である直方体の体積（たいせき）を求（もと）めましょう。

[20点]

式 _____

答え _____

 **比の計算 ― ①**

問題 12：15を簡単にしましょう。

考え方 ○：□の○と□に同じ数をかけたり，同じ数でわったり
してできる比は，すべて○：□と等しい比です。比を，**できる
だけ簡単な整数の比**にすることを，単に，**比を簡単にする**
といいます。
12と15の最大公約数は3ですから，12と15を3でわって，
　　12：15＝4：5

答え 4：5

次の比を簡単にしましょう。　　　　　　　　　　　　　[1問　4点]

(1)　4：6

(2)　6：8

(3)　6：9

(4)　8：10

(5)　9：18

(6)　15：25

(7)　20：36

(8)　16：24

(9)　27：36

(10)　42：56

次の比を簡単にしましょう。

[1問　3点]

(1)　4：8

(2)　10：5

(3)　8：6

(4)　12：4

(5)　3：15

(6)　4：16

(7)　25：10

(8)　14：21

(9)　27：18

(10)　16：18

(11)　15：9

(12)　20：16

(13)　20：24

(14)　22：33

(15)　24：27

(16)　25：35

(17)　32：36

(18)　42：36

(19)　54：72

(20)　24：96

比の計算 ─ ②

問題 3.5 : 4.2 を簡単にしましょう。

考え方 まず，10倍して整数の比にします。さらに，35と42の最大公約数の7でわります。

$$3.5 : 4.2 = 35 : 42 = 5 : 6$$

小数や分数の比は，**何倍かして整数の比**にし，さらに最大公約数でわって簡単にします。

答え 5 : 6

1 次の比を簡単にしましょう。

[1問 4点]

(1) 0.2 : 0.3

(2) 1.2 : 0.4

(3) 0.6 : 1.2

(4) 3.2 : 4.8

(5) 5.4 : 1.8

(6) 3.6 : 5.4

(7) $\dfrac{1}{2} : \dfrac{2}{3}$

(8) $\dfrac{3}{4} : \dfrac{1}{6}$

(9) $\dfrac{2}{5} : \dfrac{5}{6}$

(10) $\dfrac{4}{3} : \dfrac{8}{9}$

勉強した日　　月　　日　時間 **20分**　合格点 **80点**　答え 別冊 **15ページ**　得点　　点　色をぬろう 60 80 100

 次の比を簡単にしましょう。

[1問　3点]

(1)　40：50

(2)　20：60

(3)　300：400

(4)　640：80

(5)　0.4：0.9

(6)　0.3：0.8

(7)　1.4：0.7

(8)　2：2.4

(9)　3.6：2.7

(10)　2.5：4.5

(11)　3.2：3.6

(12)　1.8：4.8

(13)　7.2：2.4

(14)　5.6：8

(15)　6.3：8.4

(16)　5：2.5

(17)　$\dfrac{1}{3} : \dfrac{5}{6}$

(18)　$\dfrac{5}{4} : \dfrac{3}{8}$

(19)　$\dfrac{3}{2} : \dfrac{7}{6}$

(20)　$\dfrac{7}{12} : \dfrac{5}{9}$

 **28** 比の計算 — ③

問題 □にあてはまる数を求めましょう。

(1) 4：7＝8：□　　(2) 15：10＝3：□

考え方 (1) 前の数をくらべると，4の2倍
が8ですから，うしろの数も2倍します。

(2) 前の数をくらべると，15を5でわると
3ですから，うしろの数も5でわります。

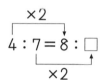

答え (1) 14　　(2) 2

1 □にあてはまる数を求めましょう。

[1問　4点]

(1) 3：4＝6：[　　]

(2) 2：5＝8：[　　]

(3) 6：3＝[　　]：1

(4) 4：9＝[　　]：36

(5) 24：[　　]＝4：3

(6) 27：[　　]＝3：5

(7) [　　]：28＝4：7

(8) [　　]：25＝8：5

(9) 54：27＝[　　]：1

(10) 8：9＝64：[　　]

勉強した日　　月　　日　　時間 **20分**　合格点 **80点**　答え 別冊 **16**ページ　得点　点　色をぬろう 60 80 100

2 □にあてはまる数を求めましょう。　　　　　　　　　　［1問　3点］

(1)　2 : 4 = 1 : ☐

(2)　3 : 5 = 9 : ☐

(3)　2 : 3 = 12 : ☐

(4)　28 : 32 = 7 : ☐

(5)　4 : 5 = ☐ : 30

(6)　6 : 1 = ☐ : 8

(7)　63 : 81 = ☐ : 9

(8)　40 : 64 = ☐ : 8

(9)　6 : ☐ = 2 : 3

(10)　4 : ☐ = 2 : 7

(11)　4 : ☐ = 12 : 27

(12)　7 : ☐ = 21 : 36

(13)　☐ : 35 = 8 : 5

(14)　☐ : 36 = 5 : 9

(15)　☐ : 7 = 48 : 42

(16)　☐ : 9 = 48 : 54

(17)　3 : 10 = 24 : ☐

(18)　24 : 66 = ☐ : 11

(19)　5 : ☐ = 20 : 32

(20)　☐ : 7 = 6 : 21

 比の計算 ― ④

1 □にあてはまる数を求めましょう。

[1問 2点]

(1) $3 : 2 = 9 :$ □

(2) $4 : 7 = 8 :$ □

(3) $27 : 24 = 9 :$ □

(4) $36 : 45 = 4 :$ □

(5) $1 : 9 =$ □ $: 36$

(6) $2 : 7 =$ □ $: 56$

(7) $25 : 40 =$ □ $: 8$

(8) $32 : 72 =$ □ $: 9$

(9) $5 :$ □ $= 20 : 12$

(10) $8 :$ □ $= 24 : 15$

(11) $42 :$ □ $= 7 : 9$

(12) $56 :$ □ $= 8 : 5$

(13) □ $: 48 = 7 : 8$

(14) □ $: 49 = 3 : 7$

(15) □ $: 9 = 12 : 54$

(16) □ $: 7 = 24 : 56$

(17) $4 : 9 = 28 :$ □

(18) $5 : 30 =$ □ $: 6$

(19) $7 :$ □ $= 63 : 81$

(20) □ $: 4 = 14 : 56$

□にあてはまる数を求めましょう。　　　　[1問　3点]

(1)　1：8＝9：□

(2)　3：7＝12：□

(3)　16：18＝8：□

(4)　30：42＝5：□

(5)　6：5＝□：45

(6)　7：4＝□：16

(7)　40：45＝□：9

(8)　16：24＝□：3

(9)　21：□＝7：5

(10)　36：□＝4：9

(11)　4：□＝20：45

(12)　7：□＝63：27

(13)　□：42＝7：6

(14)　□：48＝5：6

(15)　□：3＝32：24

(16)　□：5＝42：35

(17)　3：8＝21：□

(18)　7：2＝□：24

(19)　5：□＝55：33

(20)　□：48＝7：12

 **30** 比の計算 — ⑤

問題 5：□＝4：7の，□にあてはまる数を求めましょう。

考え方 右のように，2つの比が等しいとき，内側の2数の積と外側の2数の積は等しくなります。

つまり，

　　○：□＝△：☆のとき，□×△＝○×☆

これを利用して，□にあてはまる数を求めることができます。

5：□＝4：7のとき，□×4＝5×7

これより，□＝35÷4＝$\dfrac{35}{4}$

答え $\dfrac{35}{4}$

かけて24

$3 : 4 = 6 : 8$

かけて24

かけて84

$4 : 7 = 12 : 21$

かけて84

---

1 □にあてはまる数を求めましょう。

〔1問　6点〕

(1)　3：□＝4：8

(2)　4：□＝5：8

(3)　5：8＝□：6

(4)　6：7＝□：10

(5)　□：5＝3：8

(6)　5：7＝6：□

 □にあてはまる数を求めましょう。

［1問　4点］

(1)　$5 : 4 = 1 : \square$

(2)　$3 : 7 = 8 : \square$

(3)　$4 : 3 = 7 : \square$

(4)　$9 : 8 = 6 : \square$

(5)　$6 : 5 = \square : 6$

(6)　$7 : 8 = \square : 3$

(7)　$3 : 8 = \square : 12$

(8)　$4 : 5 = \square : 7$

(9)　$2 : \square = 5 : 9$

(10)　$6 : \square = 8 : 7$

(11)　$4 : \square = 7 : 9$

(12)　$12 : \square = 5 : 2$

(13)　$\square : 3 = 12 : 7$

(14)　$\square : 15 = 4 : 9$

(15)　$\square : 18 = 4 : 27$

(16)　$\square : 24 = 7 : 18$

31 「比の計算」のまとめ

1 たてと横の長さの比が3：4の長方形があります。 この長方形のたての長さが9cmのとき，横の長さは何cmですか。 　[15点]

式

答え

2 6年2組の人数は34人で，男子と組全体の人数の比は8：17です。 男子は何人いるでしょう。 　[15点]

式

答え

3 図書室にある文学の本と科学の本の数の比は9：5で，文学の本は630冊です。 科学の本は何冊ありますか。 　[15点]

式

答え

4 大小２つの鉄球があり，小さい方の重さは3.6kgで，小さい方と大きい方の重さの比は３：７です。大きい方の鉄球の重さを求めましょう。

[15点]

式 _____

答え _____

5 みゆうさんとみつきさんの持っているお金の比は７：４で，みゆうさんは560円持っています。２人合わせていくら持っているでしょう。

[20点]

式 _____

答え _____

6 たてと横の長さの比が５：８の長方形のたての長さが15cmのとき，まわりの長さは何cmですか。

[20点]

式 _____

答え _____

 **円周率をふくむ式の計算**

問題 2×3.14×3を計算しましょう。

考え方 3つの数のかけ算では，計算のきまり

$$○×□=□×○ \qquad (○×□)×△=○×(□×△)$$

を利用することで，どの順にかけても答えが同じになることが

わかります。

円周率3.14は，最後にかけると，計算が簡単になります。

$$2×3.14×3=2×3×3.14=6×3.14=18.84$$

答え 18.84

 次の計算をしましょう。　　　　　　　　　　　　　　　　　[1問　5点]

(1) 2×5×3.14　　　　　　(2) 3×3×3.14

(3) 4×2×3.14　　　　　　(4) 3.14×5×5

(5) 3.14×4×6　　　　　　(6) 2×3.14×8

(7) 4×3.14×5　　　　　　(8) 7×3.14×3

問題　4×3.14＋3×3.14を計算しましょう。

考え方　3.14をかけた数の和や差を求めるときは，計算のきまり

$$○×□＋△×□＝(○＋△)×□$$

$$○×□－△×□＝(○－△)×□$$

を利用して，かけられる数をまとめてから3.14をかけると，計算が簡単になります。

$$4×3.14＋3×3.14＝(4＋3)×3.14＝7×3.14＝21.98$$

答え　21.98

 　次の計算をしましょう。　[1問　10点]

(1)　6×3.14＋4×3.14

(2)　12×3.14－7×3.14

(3)　7×3.14＋8×3.14

(4)　16×3.14－8×3.14

(5)　2×2×3.14＋6×6×3.14

(6)　3×3×3.14＋4×4×3.14－5×5×3.14

 **分数と小数の計算 ── ①**

問題 次の分数は小数で，小数は分数で表しましょう。

(1) $\dfrac{5}{8}$　　　　　　　(2) 0.16

考え方 (1) 分子の数を分母の数でわって

$$\dfrac{5}{8} = 5 \div 8 = 0.625$$

$$\boxed{\dfrac{分子}{分母} = 分子 \div 分母}$$

(2) 0.16 は，0.01 を16個集めた数です。$0.01 = \dfrac{1}{100}$ より

$\dfrac{1}{100}$ を16個集めて　$0.16 = \dfrac{16}{100} = \dfrac{4}{25}$

約分できるときは，約分して答えます。

答え (1) 0.625　　(2) $\dfrac{4}{25}$

 次の分数を，小数で表しましょう。

[1問　4点]

(1) $\dfrac{5}{2}$　　　　　　　　　(2) $\dfrac{3}{4}$

(3) $\dfrac{9}{5}$　　　　　　　　　(4) $\dfrac{7}{8}$

(5) $\dfrac{17}{20}$　　　　　　　　(6) $\dfrac{14}{25}$

(7) $\dfrac{27}{40}$　　　　　　　　(8) $\dfrac{43}{50}$

(9) $\dfrac{21}{8}$　　　　　　　　(10) $\dfrac{25}{16}$

勉強した日　月　日　時間 **20**分　合格点 **80**点　答え 別冊 **18**ページ　得点　点　色をぬろう 60 80 100

 次の小数を，真分数または仮分数で表しましょう。約分できるときは約分して答えましょう。

[1問　3点]

(1)　0.3

(2)　0.4

(3)　0.5

(4)　1.2

(5)　3.5

(6)　7.2

(7)　0.07

(8)　0.29

(9)　0.25

(10)　0.45

(11)　0.64

(12)　0.48

(13)　1.25

(14)　3.14

(15)　0.009

(16)　0.005

(17)　0.024

(18)　0.084

(19)　0.384

(20)　0.375

 **34** 分数と小数の計算 ── ②

問題 0.8と $\frac{5}{6}$ は，どちらが大きいでしょう。

考え方 小数を分数で表し，通分して大きさをくらべます。

$$0.8 = \frac{8}{10} = \frac{24}{30} \qquad \frac{5}{6} = \frac{25}{30}$$

答え $\frac{5}{6}$

 次の2つの数のうち，大きい方を答えましょう。

[1問 5点]

(1) 0.3 と $\frac{1}{4}$

(2) 0.7 と $\frac{3}{4}$

(3) 0.2 と $\frac{1}{6}$

(4) 0.4 と $\frac{3}{8}$

(5) 0.6 と $\frac{2}{3}$

(6) 0.3 と $\frac{5}{8}$

(7) 0.4 と $\frac{4}{7}$

(8) 0.8 と $\frac{6}{7}$

次の２つの数のうち，小さい方を答えましょう。　［1問　6点］

(1)　0.2 と $\dfrac{1}{9}$

(2)　0.7 と $\dfrac{5}{7}$

(3)　0.6 と $\dfrac{5}{9}$

(4)　0.4 と $\dfrac{3}{7}$

(5)　0.35 と $\dfrac{9}{20}$

(6)　0.65 と $\dfrac{3}{4}$

(7)　0.25 と $\dfrac{1}{3}$

(8)　0.15 と $\dfrac{1}{7}$

(9)　0.85 と $\dfrac{8}{9}$

(10)　0.55 と $\dfrac{14}{25}$

分数と小数の計算 ── ③

問題 $\dfrac{2}{3}+0.25$ を計算しましょう。

考え方 0.25 を分数に直して計算します。

$$\dfrac{2}{3}+0.25=\dfrac{2}{3}+\dfrac{1}{4}=\dfrac{8}{12}+\dfrac{3}{12}=\dfrac{11}{12}$$

分子の数が分母の数でわり切れる場合は，小数に直して計算することも
できますが，小数を分数に直して計算する方が簡単なことが多いです。

答え $\dfrac{11}{12}$

 次の計算をしましょう。

[1問 5点]

(1) $0.2+\dfrac{3}{5}$

(2) $\dfrac{1}{4}+0.5$

(3) $1.4+\dfrac{3}{2}$

(4) $\dfrac{7}{6}+1.25$

(5) $0.6-\dfrac{1}{5}$

(6) $\dfrac{25}{8}-1.5$

(7) $\dfrac{17}{16}-0.75$

(8) $2.25-\dfrac{11}{6}$

❷ 次の計算をしましょう。

[1問 5点]

(1) $2.4 \times \dfrac{5}{9}$

(2) $\dfrac{3}{7} \times 3.5$

(3) $1.8 \times \dfrac{4}{15}$

(4) $\dfrac{5}{14} \times 1.75$

(5) $0.45 \times \dfrac{7}{6}$

(6) $\dfrac{4}{35} \times 0.625$

(7) $\dfrac{1}{3} \div 0.5$

(8) $0.9 \div \dfrac{3}{25}$

(9) $\dfrac{7}{12} \div 0.75$

(10) $1.6 \div \dfrac{2}{15}$

(11) $\dfrac{7}{6} \div 0.875$

(12) $5.25 \div \dfrac{7}{2}$

分数と小数の計算 —— ④

1 次の計算をしましょう。

[1問 6点]

(1) $\dfrac{1}{3} \times 0.75 + \dfrac{2}{7}$

(2) $\dfrac{11}{15} - \dfrac{3}{4} \times 0.8$

(3) $\dfrac{3}{4} \times 0.5 \div \dfrac{9}{8}$

(4) $2.5 \div \dfrac{3}{5} \times \dfrac{2}{9}$

(5) $\dfrac{5}{6} \div 0.4 \times 0.5$

(6) $\left(\dfrac{2}{3} - 0.5 \right) \div \dfrac{9}{2}$

(7) $\dfrac{4}{9} \div 2.4 - \dfrac{1}{54}$

(8) $3.5 \times \dfrac{5}{6} \div 0.625$

(9) $\dfrac{5}{3} \div 1.25 + \dfrac{2}{7}$

(10) $\left(0.4 - \dfrac{1}{3} \right) \times 1.5$

次の計算をしましょう。 ［1問　5点］

(1)　$\dfrac{1}{4} \times 1.5 + 0.75 \times \dfrac{1}{2}$

(2)　$\dfrac{1}{9} \times 0.6 + 0.4 \div \dfrac{8}{25}$

(3)　$\dfrac{1}{3} \div 0.4 - \dfrac{1}{2} \times 0.5$

(4)　$\dfrac{3}{7} \div 0.5 - \dfrac{3}{5} \div 1.5$

(5)　$\left(\dfrac{2}{3} - 0.25 \right) \div \dfrac{2}{3} \times 0.6$

(6)　$1.8 \times \dfrac{2}{3} - 2.25 \div \dfrac{15}{4}$

(7)　$0.12 \times \dfrac{3}{4} \times \dfrac{5}{6} + 7 \div \dfrac{8}{9}$

(8)　$0.5 \div 0.75 \div \left(\dfrac{5}{6} \div \dfrac{7}{8} \right) \div 0.9$

「分数と小数の計算」のまとめ

家から公園までは750mで，公園から駅までは $\frac{5}{6}$ km です。家から公園を通って駅まで行くときの道のりは何kmでしょう。

[15点]

式

答え

牛乳（ぎゅうにゅう）が $\frac{4}{3}$ L あります。ジュースの量（りょう）は牛乳の1.2倍です。ジュースは何Lあるでしょう。

[15点]

式

答え

さとうが $\frac{15}{14}$ kg あります。そのうち，80％を使いました。残（のこ）りは何kgでしょう。

[15点]

式

答え

自転車で，5.7kmの道のりを19分で走りました。自転車の速さは時速何kmでしょう。 [15点]

式 _____

答え _____

⑤ 円周率を3.14とするとき，半径が $\dfrac{5}{2}$ cmである円の面積を仮分数で答えましょう。 [20点]

式 _____

答え _____

⑥ ある本を1日目に全体の40％だけ読み，2日目に残りの $\dfrac{1}{3}$ を読むと，50ページ残りました。この本は全部で何ページありますか。 [20点]

式 _____

答え _____

累乗 — ①

問題 次の計算をしましょう。

(1) 4^3　　　　　　　　　(2) 2^5

考え方 $4×4×4$ を 4^3 と表し，4の3乗と読みます。

このように，同じ数をいくつかかけたものを，その数の**累乗**といい，

右かたに小さく書いた数を**指数**といいます。

(1) $4^3 = 4×4×4 = 16×4 = 64$

(2) $2^5 = 2×2×2×2×2 = 32$

答え (1) 64　　　(2) 32

1 次の計算をしましょう。

[1問　5点]

(1) 6^2　　　　　　　　　(2) 7^2

(3) 3^3　　　　　　　　　(4) 5^3

(5) 2^4　　　　　　　　　(6) 3^4

(7) 12^2　　　　　　　　(8) 8^3

(9) 9^4　　　　　　　　　(10) 0^6

勉強した日　　月　　日

問題 次の計算をしましょう。

(1) 0.4^3　　　　(2) $\left(\dfrac{2}{3}\right)^4$

考え方 (1) $0.4^3 = 0.4 \times 0.4 \times 0.4 = 0.16 \times 0.4 = 0.064$

（$0.4 \times 4 \times 4$ としてはいけません。）

(2) 分数の累乗は，分母，分子の累乗になります。

$$\left(\dfrac{2}{3}\right)^4 = \dfrac{2}{3} \times \dfrac{2}{3} \times \dfrac{2}{3} \times \dfrac{2}{3} = \dfrac{16}{81}$$

答え (1) 0.064　　(2) $\dfrac{16}{81}$

2　次の計算をしましょう。

［1問　5点］

(1) 0.8^2　　　　　　　　(2) 0.9^2

(3) 0.3^3　　　　　　　　(4) 0.2^4

(5) $\left(\dfrac{6}{5}\right)^2$　　　　　　　(6) $\left(\dfrac{7}{4}\right)^2$

(7) $\left(\dfrac{3}{4}\right)^3$　　　　　　　(8) $\left(\dfrac{2}{5}\right)^4$

(9) $\left(\dfrac{1}{2}\right)^6$　　　　　　　(10) $\left(\dfrac{3}{2}\right)^5$

39 累乗 ── ②

問題 次の計算をしましょう。

(1) 2×3^2 (2) $48 \div 2^3$

考え方 累乗をふくむ式の計算では，累乗を先に計算します。

(1) $3^2 = 3 \times 3 = 9$ ですから

    $2 \times 3^2 = 2 \times 9 = 18$

  $(2 \times 3^2 = 6^2$ としてはいけません。$)$

(2) $2^3 = 2 \times 2 \times 2 = 8$ ですから

    $48 \div 2^3 = 48 \div 8 = 6$

答え (1) 18   (2) 6

1 次の計算をしましょう。

[1問 6点]

(1) $2^4 + 5$ (2) $4^3 + 5^2$

(3) $33 - 3^3$ (4) $3^5 - 6^3$

(5) $4^2 \times 5$ (6) 3×2^3

(7) $2^4 \times 3^3$ (8) $6^2 \div 9$

(9) $54 \div 3^2$ (10) $8^3 \div 2^5$

問題 $\dfrac{4}{3^2} \div \dfrac{2^3}{5}$ を計算しましょう。

考え方 指数の位置に気をつけて計算します。

$$\dfrac{4}{3^2} = \dfrac{4}{3\times3} = \dfrac{4}{9}, \quad \dfrac{2^3}{5} = \dfrac{2\times2\times2}{5} = \dfrac{8}{5} より$$

$$\dfrac{4}{3^2} \div \dfrac{2^3}{5} = \dfrac{4}{9} \div \dfrac{8}{5} = \dfrac{\overset{1}{4}\times5}{9\times\underset{2}{8}} = \dfrac{5}{18}$$

答え $\dfrac{5}{18}$

2 次の計算をしましょう。

[1問　5点]

(1) $\dfrac{5}{6} + \dfrac{7}{3^2}$

(2) $\dfrac{7}{2^4} + \dfrac{3^2}{20}$

(3) $\dfrac{2^3}{21} - \dfrac{3}{14}$

(4) $\dfrac{2^4}{3} - \left(\dfrac{5}{3}\right)^2$

(5) $\dfrac{5^2}{14} \times \dfrac{2^3}{15}$

(6) $\left(\dfrac{4}{3}\right)^2 \times \dfrac{7}{2^3}$

(7) $\left(\dfrac{3}{2}\right)^3 \div \dfrac{9}{4^2}$

(8) $\dfrac{3^3}{20} \div \dfrac{9}{5^2}$

 40 累乗 — ③

1 次の計算をしましょう。

［1問 6点］

(1) $5 + 3^3 - 2^5$

(2) $4^3 - 3^2 \times 7$

(3) $8^2 + 6^2 \div 4$

(4) $3^4 - 5 \times 2^4$

(5) $7^3 \div (2^7 - 11^2)$

(6) $5^2 \times 2^3 \div 10^2$

(7) $2^3 \times 3 + 5^2 - 7^2$

(8) $80 - (2^4 - 2^3) \times 3^2$

(9) $3^2 \times 6 + 112 \div 2^3$

(10) $6^2 \div (5^2 - 2^4) \div 2$

次の計算をしましょう。

[1問　5点]

(1) $\dfrac{2^3}{3^2} - \left(\dfrac{2}{3}\right)^2 + \dfrac{2^2}{3^3}$

(2) $\dfrac{3^2}{10} + \dfrac{5}{2^4} - \dfrac{6}{5}$

(3) $\dfrac{2^2}{5} + \dfrac{3}{5} \times \dfrac{1}{2^3}$

(4) $\dfrac{2^3}{3} - \dfrac{3}{2} \div \dfrac{3^2}{4}$

(5) $\dfrac{2^4}{11} \times \left(\dfrac{7}{3^2} - \dfrac{5}{8}\right)$

(6) $\left(\dfrac{5}{6}\right)^2 \times \dfrac{3^3}{5} \div \dfrac{15}{4}$

(7) $\left(\dfrac{2}{3} - \dfrac{1}{2^2}\right) \div \dfrac{2^4}{3} \times \dfrac{3^3}{5}$

(8) $\dfrac{5^2}{12} + \dfrac{8}{3} \times \dfrac{1}{2^4} + \dfrac{1}{3} \div \left(\dfrac{2}{3}\right)^2$

41 「累乗」のまとめ

1 正方形の面積の公式を, 累乗を用いて表すと

　　正方形の面積＝(1辺)^2

となります。このとき, 次の問いに答えましょう。　　　[1問　15点]

(1) 1辺の長さが7cmである正方形の面積を, 累乗を用いた式で表し, 面積を求めましょう。

式 _____

答え _____

(2) 1辺の長さが5cmである立方体の表面積(6つの面の面積の和)を累乗を用いた式で表し, 表面積を求めましょう。

式 _____

答え _____

2 1辺の長さが6cmである立方体の体積を, 累乗を用いた式で表し, 体積を求めましょう。　　　[20点]

式 _____

答え _____

❸ 円周率を3.14として，次の問いに答えましょう。 ［1問 15点］

(1) 直径が8cmである円の面積を，累乗を用いた式で表し，面積を求めましょう。

式

答え

(2) 底面の円の半径が5cmで，高さが4cmである円柱の体積を累乗を用いた式で表し，体積を求めましょう。

式

答え

❹ かべに，1辺の長さが15cmである正方形のタイルをすきまなくはると，たてに16枚，横に12枚ならびました。このかべの面積を累乗を用いた式で表し，m^2 を単位として面積を求めましょう。 ［20点］

式

答え

 **42** 約束記号 — ①

（問題） $x◎y＝4×x＋3×y$ と約束するとき，$6◎2$ と $2◎6$ を計算しましょう。

（考え方） 約束通りに数をあてはめて計算します。

$x＝6$，$y＝2$ のとき $6◎2＝4×6＋3×2＝24＋6＝30$

$x＝2$，$y＝6$ のとき $2◎6＝4×2＋3×6＝8＋18＝26$

たし算やかけ算とちがって，$6◎2$ と $2◎6$ は同じ答えにはなりません。

（答え） $6◎2＝30$，$2◎6＝26$

1 $x◎y＝5×x－2×y$ と約束するとき，次の計算をしましょう。

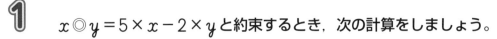

［1問 5点］

(1) $2◎1$

(2) $6◎2$

(3) $2◎3$

(4) $3◎2$

(5) $4◎10$

(6) $10◎4$

(7) $(5◎1)◎2$

(8) $5◎(1◎2)$

2　$x ☆ y = (x + y) ÷ 2$ と約束するとき，次の計算をしましょう。

［1問　5点］

(1)　$10 ☆ 6$

(2)　$7 ☆ 5$

(3)　$3 ☆ 6$

(4)　$8 ☆ 9$

(5)　$6 ☆ 8$

(6)　$8 ☆ 6$

(7)　$(4 ☆ 8) ☆ 2$

(8)　$4 ☆ (8 ☆ 2)$

(9)　$1 ☆ 3 + 5 ☆ 7$

(10)　$4 ☆ 6 - 4 ☆ 5$

(11)　$10 ☆ 4 + 10 ☆ 6$

(12)　$10 ☆ (4 + 6)$

 43 約束記号 ― ②

問題 整数 x に対して，x を4でわったときの余りを $[x]$ と約束するとき，$[19]-[81]$ を計算しましょう。

考え方 わり算をして，余りを求めます。

$19 \div 4 = 4$ 余り 3 より $[19] = 3$

$81 \div 4 = 20$ 余り 1 より $[81] = 1$

したがって $[19] - [81] = 3 - 1 = 2$

答え 2

1

整数 x に対して，x を3でわったときの余りを $[x]$ と約束するとき，次の計算をしましょう。

[1問 5点]

(1) $[25]$

(2) $[41]$

(3) $[84]$

(4) $[76]$

(5) $[38] - [64]$

(6) $[16 + 29]$

(7) $[16] + [29]$

(8) $[[16] + [29]]$

2 整数 x を整数 y でわったときの余りを $x \triangle y$ と約束するとき，次の計算をしましょう。

[1問　5点]

(1)　$15 \triangle 4$

(2)　$21 \triangle 8$

(3)　$37 \triangle 9$

(4)　$46 \triangle 15$

(5)　$60 \triangle 13$

(6)　$79 \triangle 18$

(7)　$98 \triangle 14$

(8)　$149 \triangle 25$

(9)　$(53 \triangle 19) \triangle 4$

(10)　$53 \triangle (19 \triangle 4)$

(11)　$(47 + 25) \triangle 3$

(12)　$47 \triangle 3 + 25 \triangle 3$

約束記号 ― ③

問題 整数 x に対して，x から１までの整数の積を $x!$ と表します。
5! を計算しましょう。

考え方 ５から１までの整数の積を 5! と表し，５の階乗と読みます。

$$5! = 5 \times 4 \times 3 \times 2 \times 1 = 120$$

答え 120

1 整数 x に対して，x から１までの整数の積を $x!$ と表します。次の計算をしましょう。

[1問 6点]

(1) 2!

(2) 3!

(3) 4!

(4) 6!

(5) 8!

(6) 9!

(7) 7! ＋ 5!

(8) 6! － 5!

(9) 5! × 4!

(10) 9! ÷ 7!

勉強した日　月　日

2 2つの整数 x, y に対して，x 以上 y 以下のすべての整数の和を $x \odot y$ と約束します。例えば，

$$12 \odot 17 = 12 + 13 + 14 + 15 + 16 + 17 = 87$$

となります。このとき，次の計算をしましょう。 [1問 5点]

(1) $3 \odot 8$

(2) $7 \odot 12$

(3) $16 \odot 19$

(4) $25 \odot 27$

(5) $312 \odot 316$

(6) $798 \odot 801$

(7) $1 \odot 10$

(8) $11 \odot 20$

45 約束記号 — ④

1 2つの整数 x, y に対して，x から始めて1ずつへらした y 個の整数の積を $x◎y$ と約束します。例えば，

$$7◎3 = \underbrace{7 \times 6 \times 5}_{3個} = 210$$

となります。このとき，次の計算をしましょう。

[1問 5点]

(1) $3◎2$

(2) $6◎3$

(3) $4◎4$

(4) $5◎2$

(5) $7◎2$

(6) $8◎4$

(7) $5◎3$

(8) $6◎5$

(9) $9◎3$

(10) $10◎4$

2つの整数 x, y に対して，**1**で約束した◎と階乗を使って，

$$x ☆ y = \frac{x ◎ y}{y!}$$

と約束します。例えば，

$$7 ☆ 3 = \frac{7 ◎ 3}{3!} = \frac{7 \times 6 \times 5}{3 \times 2 \times 1} = 35$$

となります。このとき，次の計算をしましょう。

［1問　5点］

(1)　$5 ☆ 2$

(2)　$6 ☆ 3$

(3)　$7 ☆ 4$

(4)　$5 ☆ 4$

(5)　$8 ☆ 2$

(6)　$9 ☆ 3$

(7)　$10 ☆ 3$

(8)　$8 ☆ 4$

(9)　$12 ☆ 3$

(10)　$11 ☆ 4$

46 「約束記号」のまとめ

1

$x ◎ y$は，xより大きくyより小さいすべての整数の和と約束します。
例えば，$2.5 ◎ 6.7 = 3 + 4 + 5 + 6 = 18$となります。
このとき，次の問いに答えましょう。　　　　　　　　　　　　[1問　15点]

(1)　$29.5 ◎ 34.3$を求めましょう。

(2)　$6 ◎ □ = 70$のとき，□にあてはまる整数を求めましょう。

2

整数xを整数yでわったときの余りを$x △ y$と約束するとき，次の問いに答えましょう。　　　　　　　　　　　　[1問　15点]

(1)　$2010 △ 9$を求めましょう。

(2)　$50 △ y = 2$となる整数yをすべて求めましょう。

時間 20分　合格点 80点　答え 別冊23ページ　得点　点　色をぬろう 60 80 100

③ 整数xに対して，xを7でわったときの余りを$[x]$と約束します。この
とき，次の問いに答えましょう。

[1問　8点]

(1)　$[1961]$を求めましょう。

(2)　$[48]-[99]$を求めましょう。

(3)　$[51]\times[39]+[69]\div[87]$を求めましょう。

(4)　$[[17]+[30]\times[23]]$を求めましょう。

(5)　xが1から100までの整数のとき，$[x]=1$となるxは何個
　　　ありますか。

□ 編集協力　大塚久仁子　塩田久美子

□ デザイン　アトリエ ウインクル

シグマベスト
**トコトン算数
小学6年の計算ドリル**

本書の内容を無断で複写（コピー）・複製・転載することを禁じます。また，私的使用であっても，第三者に依頼して電子的に複製すること（スキャンやデジタル化等）は，著作権法上，認められていません。

Ⓒ山腰政喜　2010　　　Printed in Japan

著　者　山腰政喜

発行者　益井英郎

印刷所　株式会社天理時報社

発行所　株式会社文英堂

〒601-8121　京都市南区上鳥羽大物町28
〒162-0832　東京都新宿区岩戸町17
（代表）03-3269-4231

●落丁・乱丁はおとりかえします。

学習の記録

内容	勉強した日		得点	得点グラフ					
				0 20	40	60	80	100	
かき方	4月 16日		83点	███████████					
❶ 分数のたし算とひき算 ― ①	月	日	点						
❷ 分数のたし算とひき算 ― ②	月	日	点						
❸ 分数のたし算とひき算 ― ③	月	日	点						
❹ 分数のたし算とひき算 ― ④	月	日	点						
❺ 「分数のたし算とひき算」のまとめ	月	日	点						
❻ 文字と式 ― ①	月	日	点						
❼ 文字と式 ― ②	月	日	点						
❽ 文字と式 ― ③	月	日	点						
❾ 文字と式 ― ④	月	日	点						
❿ 文字と式 ― ⑤	月	日	点						
⓫ 「文字と式」のまとめ	月	日	点						
⓬ 分数のかけ算とわり算 ― ①	月	日	点						
⓭ 分数のかけ算とわり算 ― ②	月	日	点						
⓮ 分数のかけ算とわり算 ― ③	月	日	点						
⓯ 分数のかけ算とわり算 ― ④	月	日	点						
⓰ 分数のかけ算とわり算 ― ⑤	月	日	点						
⓱ 分数のかけ算とわり算 ― ⑥	月	日	点						
⓲ 分数のかけ算とわり算 ― ⑦	月	日	点						
⓳ 分数のかけ算とわり算 ― ⑧	月	日	点						
⓴ 分数のかけ算とわり算 ― ⑨	月	日	点						
㉑ 分数のかけ算とわり算 ― ⑩	月	日	点						
㉒ 分数のかけ算とわり算 ― ⑪	月	日	点						
㉓ 分数のかけ算とわり算 ― ⑫	月	日	点						

トコトン算数

小学6年の計算ドリル

答え

● 「答え」は見やすいように，わくでかこみました。

● **考え方・解き方** では，まちがえやすい問題のくわしい
解説や，これからの勉強に役立つことをのせています。

文英堂

❶ 分数のたし算とひき算 ── ①

1
(1) $\dfrac{5}{9}$　(2) $\dfrac{1}{2}$　(3) $\dfrac{1}{8}$　(4) $\dfrac{11}{18}$

(5) $\dfrac{2}{3}$　(6) $\dfrac{7}{15}$　(7) $\dfrac{1}{16}$　(8) $\dfrac{1}{3}$

2
(1) $\dfrac{17}{18}$　(2) $\dfrac{17}{40}$　(3) $\dfrac{1}{5}$　(4) $\dfrac{1}{12}$

(5) $\dfrac{43}{63}$　(6) $\dfrac{11}{24}$　(7) $\dfrac{8}{15}$　(8) $\dfrac{19}{24}$

(9) $\dfrac{1}{60}$　(10) $\dfrac{13}{42}$　(11) $\dfrac{29}{48}$　(12) $\dfrac{13}{30}$

(13) $\dfrac{19}{30}$　(14) $\dfrac{11}{36}$　(15) $\dfrac{29}{36}$　(16) $\dfrac{25}{72}$

❷ 分数のたし算とひき算 ── ②

1
(1) $\dfrac{11}{6}$　(2) $\dfrac{11}{9}$　(3) $\dfrac{23}{12}$　(4) $\dfrac{7}{10}$

(5) $\dfrac{4}{3}$　(6) $\dfrac{43}{12}$　(7) $\dfrac{31}{18}$　(8) $\dfrac{10}{9}$

(9) $\dfrac{7}{12}$　(10) $\dfrac{31}{18}$　(11) $\dfrac{7}{12}$　(12) $\dfrac{13}{9}$

(13) $\dfrac{4}{3}$　(14) $\dfrac{17}{12}$　(15) $\dfrac{13}{24}$　(16) $\dfrac{35}{18}$

2
(1) $\dfrac{49}{36}$　(2) $\dfrac{23}{10}$　(3) $\dfrac{55}{36}$　(4) $\dfrac{28}{15}$

(5) $\dfrac{13}{8}$　(6) $\dfrac{37}{12}$　(7) $\dfrac{61}{18}$　(8) $\dfrac{2}{3}$

(9) $\dfrac{25}{18}$　(10) $\dfrac{47}{24}$　(11) $\dfrac{43}{18}$　(12) $\dfrac{7}{24}$

(13) $\dfrac{17}{18}$　(14) $\dfrac{53}{24}$　(15) $\dfrac{43}{36}$　(16) $\dfrac{19}{18}$

考え方・解き方

▶5年の復習です。分母がちがう分数のたし算やひき算は，分母の数の最小公倍数で通分してから計算します。
また，計算結果が約分できる場合には，必ず，約分して答えましょう。

▶答えが1以上になるときは，仮分数や帯分数で表します。中学校では，帯分数を使うことはほとんどありませんから，ここでは仮分数で表すことにしています。

❸ 分数のたし算とひき算 ― ③

1

(1) $1\frac{7}{15}$　(2) $2\frac{3}{14}$　(3) $1\frac{1}{3}$

(4) $1\frac{4}{15}$　(5) $\frac{19}{28}$　(6) $1\frac{1}{14}$

(7) $2\frac{1}{8}$　(8) $1\frac{1}{2}$　(9) $1\frac{1}{2}$

(10) $1\frac{5}{6}$　(11) $1\frac{11}{18}$　(12) $2\frac{3}{8}$

(13) $2\frac{1}{12}$　(14) $1\frac{17}{24}$　(15) $2\frac{7}{12}$

(16) $1\frac{19}{50}$

2

(1) $2\frac{23}{35}$　(2) $2\frac{11}{24}$　(3) $1\frac{14}{15}$

(4) $3\frac{1}{20}$　(5) $5\frac{1}{6}$　(6) $3\frac{5}{12}$

(7) $1\frac{23}{30}$　(8) $1\frac{1}{8}$　(9) $1\frac{3}{8}$

(10) $2\frac{2}{9}$　(11) $2\frac{1}{12}$　(12) $2\frac{3}{10}$

(13) $1\frac{19}{30}$　(14) $1\frac{5}{48}$　(15) $1\frac{13}{36}$

(16) $2\frac{11}{48}$

考え方・解き方

▶仮分数を帯分数に直すには，

分子÷分母

を計算して商と余りを求め，

商を帯分数の整数部分

余りを帯分数の分子

とします。

❹ 分数のたし算とひき算 ── ④

1
(1) $\dfrac{11}{6}$ (2) $\dfrac{13}{6}$ (3) $\dfrac{31}{6}$ (4) $\dfrac{86}{15}$

(5) $\dfrac{11}{2}$ (6) $\dfrac{85}{24}$ (7) $\dfrac{83}{20}$ (8) $\dfrac{91}{20}$

(9) $\dfrac{69}{14}$ (10) $\dfrac{70}{9}$

2
(1) $\dfrac{5}{3}$ (2) $\dfrac{43}{9}$ (3) $\dfrac{29}{15}$ (4) $\dfrac{41}{18}$

(5) $\dfrac{25}{6}$ (6) $\dfrac{25}{12}$ (7) $\dfrac{59}{24}$ (8) $\dfrac{37}{12}$

(9) $\dfrac{43}{20}$ (10) $\dfrac{85}{36}$

❺ 「分数のたし算とひき算」のまとめ

1 式 $\dfrac{5}{4}-\dfrac{1}{12}=\dfrac{7}{6}$ 　答え $\dfrac{7}{6}$ kg

2 式 $\dfrac{3}{4}+\dfrac{7}{12}=\dfrac{4}{3}$ 　答え $\dfrac{4}{3}$ 時間

3 式 $\dfrac{15}{2}-\dfrac{21}{4}=\dfrac{9}{4}$ 　答え $\dfrac{9}{4}$ m

4 式 $\dfrac{9}{2}-\dfrac{4}{3}-\dfrac{4}{3}=\dfrac{11}{6}$ 　答え $\dfrac{11}{6}$ cm

5 式 $\dfrac{3}{4}+\dfrac{1}{2}-1=\dfrac{1}{4}$

答え $\dfrac{1}{4}$ L

6 式 $\dfrac{5}{4}+\dfrac{7}{6}=\dfrac{29}{12}$

$\dfrac{29}{12}+\dfrac{29}{12}=\dfrac{29}{6}$

答え $\dfrac{29}{6}$ cm

考え方・解き方

▶帯分数のたし算やひき算は，整数部分と分数部分に分けて計算することもできます。しかし，後で学習する分数のかけ算やわり算では，必ず帯分数を仮分数に直してから計算しますから，問題の考え方では，そのような計算方法で説明しています。

▶4と6は，

　　分数×整数

を用いて解くことができますが，まだ学習していないので，たし算とひき算で解いています。

6 文字と式 — ①

1 (1) 12　(2) 17　(3) 22　(4) 42
　　(5) 9　(6) 16　(7) 1　　(8) 20

2 (1) 7　　　(2) 8　　　(3) 9
　　(4) 11　　(5) 6.5　　(6) 7.5
　　(7) 9.5　　(8) 12.5

3 (1) 5　(2) 21　(3) 32　(4) 77

7 文字と式 — ②

1 (1) $x = 4$　(2) $x = 5$　(3) $x = 7$
　　(4) $x = 7$　(5) $x = 15$　(6) $x = 11$
　　(7) $x = 4.8$　　(8) $x = 3.8$
　　(9) $x = \dfrac{1}{6}$　　(10) $x = \dfrac{5}{12}$

2 (1) $x = 11$　(2) $x = 9$　(3) $x = 5$
　　(4) $x = 7$　(5) $x = 60$　(6) $x = 39$
　　(7) $x = 15.5$　　(8) $x = 1.5$
　　(9) $x = \dfrac{5}{2}$　　(10) $x = \dfrac{13}{12}$

考え方・解き方

▶□を使った式で，□のかわりに文字 x を使います。
「x に数をあてはめる」ということがわかりにくい場合は，「x のかわりにその数を書く」と考えましょう。
3では，x が2つ出てきますが，両方とも同じ数に書きかえて計算します。

▶たし算やひき算の式で，□にあてはまる数を求めることは，2年生で学習しています。ここでは，□のかわりに文字 x を使っているだけです。文字を使うことになれていきましょう。

8 文字と式 —— ③

1
(1) $x = 8$　(2) $x = 8$　(3) $x = 15$

(4) $x = 14$　(5) $x = 5$　(6) $x = 23$

(7) $x = 4$　　　(8) $x = 2.6$

(9) $x = \dfrac{5}{12}$　　(10) $x = \dfrac{3}{14}$

2
(1) $x = 20$　(2) $x = 98$　(3) $x = 7$

(4) $x = 12$　(5) $x = 36$　(6) $x = 4$

(7) $x = 4.9$　　(8) $x = 8$

(9) $x = 20$　　(10) $x = 3.6$

9 文字と式 —— ④

1
(1) $x = 3$　(2) $x = 2$　(3) $x = 1$

(4) $x = 4$　(5) $x = 7$　(6) $x = 6$

(7) $x = 5$　(8) $x = 9$

2
(1) $x = 12$　(2) $x = 6$　(3) $x = 32$

(4) $x = 5$　(5) $x = 7$　(6) $x = 5$

(7) $x = 54$　(8) $x = 6$　(9) $x = 20$

(10) $x = 14$　(11) $x = 12$　(12) $x = 16$

考え方・解き方

▶かけ算の式で□にあてはまる数を求める計算方法はわり算ですから，**1**は，わり算でxの値を求めます。

2は，

　　わられる数＝わる数×商

の関係を利用して，かけ算の式に直して考えます。

わる数を求めるときは，

　　わる数＝わられる数÷商

となり，xの値をわり算で求めることになります。

▶順にもどして考えることで，xにあてはまる数を求めます。

❿ 文字と式 ── ⑤

➊ (1) $y = 6 \times x$ (2) $y = 24$

(3) $y = 39$ (4) $x = 14$

➋ (1) $y = 90 - x$

(2) $y = 90 - 35 = 55$

答え $y = 55$

(3) $27 = 90 - x$ より

$x = 90 - 27 = 63$

答え $x = 63$

➌ (1) $y = 1200 \div x$

(2) $y = 1200 \div 80 = 15$

答え $y = 15$

(3) $75 = 1200 \div x$ より

$x = 1200 \div 75 = 16$

答え $x = 16$

⓫ 「文字と式」のまとめ

➊ 式 $100 - 3 \times x$

$x = 12$ のときの残りの枚数 64枚

➋ えんぴつを x 本買ったとする。

式 $60 \times x + 80 = 320$ 答え 4本

➌ ある数を x とする。

式 $x \times 4 - 9 = 47$ 答え 14

➍ ある数を x とする。

式 $85 = x \times 12 + 1$ 答え 7

➎ もとの値段を x 円とする。

式 $x \times 24 - 60 = 3300$ 答え 140円

➏ 式 $y = x \times 6$

$x = 5$ のときの y の値 $y = 30$

考え方・解き方

▶ **1** では,

長方形の面積＝たて×横

の関係を，文字を使って表します。

▶ **4** は，わり算の確かめの計算を利用します。

わられる数＝わる数×商＋余り

「文字を使った式」ができないと，中学生になって困ることになりますから，しっかりと復習しておきましょう。

12 分数のかけ算とわり算 ── ①

1 (1) $\dfrac{3}{2}$ (2) $\dfrac{4}{3}$ (3) $\dfrac{14}{3}$ (4) $\dfrac{15}{4}$

(5) $\dfrac{6}{5}$ (6) $\dfrac{25}{6}$ (7) $\dfrac{6}{7}$ (8) $\dfrac{8}{9}$

2 (1) $\dfrac{15}{2}$ (2) $\dfrac{8}{3}$ (3) $\dfrac{35}{4}$ (4) $\dfrac{12}{5}$

(5) $\dfrac{6}{11}$ (6) $\dfrac{35}{9}$ (7) $\dfrac{18}{7}$ (8) $\dfrac{21}{8}$

(9) $\dfrac{35}{6}$ (10) $\dfrac{10}{9}$ (11) $\dfrac{36}{5}$ (12) $\dfrac{10}{3}$

(13) $\dfrac{20}{7}$ (14) $\dfrac{15}{8}$ (15) $\dfrac{14}{15}$ (16) $\dfrac{27}{19}$

考え方・解き方

▶分数に整数をかけるときは，分母はそのままで，分子にその整数をかけます。

13 分数のかけ算とわり算 ── ②

1 (1) $\dfrac{2}{3}$ (2) $\dfrac{3}{2}$ (3) $\dfrac{5}{4}$ (4) $\dfrac{4}{3}$

(5) 15 (6) $\dfrac{7}{3}$ (7) $\dfrac{15}{2}$ (8) $\dfrac{9}{4}$

2 (1) $\dfrac{5}{2}$ (2) 14 (3) $\dfrac{3}{2}$ (4) $\dfrac{35}{6}$

(5) 6 (6) $\dfrac{20}{7}$ (7) $\dfrac{27}{2}$ (8) $\dfrac{25}{2}$

(9) 16 (10) $\dfrac{16}{3}$ (11) 8 (12) 10

(13) 12 (14) $\dfrac{5}{3}$ (15) $\dfrac{14}{5}$ (16) $\dfrac{5}{2}$

▶計算のとちゅうで約分できるときは，先に約分しておきます。

14 分数のかけ算とわり算 —③

1 (1) $\dfrac{3}{2}$ (2) $\dfrac{4}{3}$ (3) $\dfrac{2}{3}$ (4) $\dfrac{1}{4}$

(5) $\dfrac{2}{5}$ (6) $\dfrac{5}{4}$ (7) $\dfrac{3}{7}$ (8) $\dfrac{2}{7}$

2 (1) $\dfrac{1}{12}$ (2) $\dfrac{3}{28}$ (3) $\dfrac{5}{16}$ (4) $\dfrac{5}{24}$

(5) $\dfrac{1}{14}$ (6) $\dfrac{4}{15}$ (7) $\dfrac{2}{45}$ (8) $\dfrac{5}{36}$

考え方・解き方

▶分数を整数でわるときは，分母はそのままにして，分子をその整数でわります。しかし，わり切れないことが多いので，分母と分子にその整数をかけて簡単にします。結果的に分子はそのままにして，分母にその整数をかけることになります。

15 分数のかけ算とわり算 —④

1 (1) $\dfrac{7}{3}$ (2) $\dfrac{2}{5}$ (3) $\dfrac{9}{14}$ (4) $\dfrac{4}{9}$

(5) $\dfrac{1}{24}$ (6) $\dfrac{1}{14}$ (7) $\dfrac{3}{50}$ (8) $\dfrac{1}{22}$

(9) $\dfrac{2}{45}$ (10) $\dfrac{7}{36}$ (11) $\dfrac{7}{16}$ (12) $\dfrac{7}{6}$

(13) $\dfrac{17}{20}$ (14) $\dfrac{5}{21}$ (15) $\dfrac{21}{32}$ (16) $\dfrac{9}{16}$

2 (1) $\dfrac{11}{20}$ (2) $\dfrac{5}{21}$ (3) $\dfrac{5}{16}$ (4) $\dfrac{7}{26}$

(5) $\dfrac{9}{64}$ (6) $\dfrac{3}{10}$ (7) $\dfrac{2}{11}$ (8) $\dfrac{3}{10}$

(9) $\dfrac{10}{63}$ (10) $\dfrac{1}{40}$ (11) $\dfrac{4}{91}$ (12) $\dfrac{2}{75}$

(13) $\dfrac{3}{100}$ (14) $\dfrac{5}{36}$ (15) $\dfrac{3}{32}$ (16) $\dfrac{5}{12}$

▶とちゅうで約分できるときは，先に約分しておきます。

16 分数のかけ算とわり算 —⑤

1 (1) $\dfrac{4}{15}$　(2) $\dfrac{5}{12}$　(3) $\dfrac{5}{21}$　(4) $\dfrac{4}{15}$

(5) $\dfrac{8}{27}$　(6) $\dfrac{5}{14}$　(7) $\dfrac{3}{14}$　(8) $\dfrac{10}{27}$

2 (1) $\dfrac{5}{54}$　(2) $\dfrac{5}{44}$　(3) $\dfrac{1}{16}$　(4) $\dfrac{3}{26}$

(5) $\dfrac{5}{21}$　(6) $\dfrac{7}{10}$　(7) $\dfrac{7}{16}$　(8) $\dfrac{10}{27}$

(9) $\dfrac{4}{21}$　(10) $\dfrac{16}{13}$　(11) $\dfrac{21}{32}$　(12) $\dfrac{2}{3}$

(13) $\dfrac{7}{4}$　(14) $\dfrac{1}{50}$　(15) $\dfrac{5}{12}$　(16) $\dfrac{1}{16}$

17 分数のかけ算とわり算 —⑥

1 (1) $\dfrac{5}{8}$　(2) $\dfrac{1}{5}$　(3) $\dfrac{8}{15}$　(4) $\dfrac{7}{24}$

(5) $\dfrac{1}{4}$　(6) $\dfrac{1}{12}$　(7) $\dfrac{6}{11}$　(8) $\dfrac{7}{12}$

(9) $\dfrac{3}{16}$　(10) $\dfrac{5}{28}$　(11) $\dfrac{6}{11}$　(12) $\dfrac{5}{18}$

(13) $\dfrac{3}{5}$　(14) $\dfrac{2}{3}$　(15) $\dfrac{11}{7}$　(16) $\dfrac{7}{15}$

2 (1) $\dfrac{7}{16}$　(2) $\dfrac{16}{21}$　(3) $\dfrac{1}{2}$　(4) $\dfrac{1}{6}$

(5) $\dfrac{2}{3}$　(6) $\dfrac{3}{13}$　(7) $\dfrac{10}{9}$　(8) $\dfrac{2}{15}$

(9) $\dfrac{1}{14}$　(10) $\dfrac{15}{16}$　(11) $\dfrac{1}{3}$　(12) $\dfrac{28}{81}$

(13) $\dfrac{7}{27}$　(14) $\dfrac{1}{8}$　(15) $\dfrac{1}{18}$　(16) $\dfrac{1}{6}$

考え方・解き方

▶分数のかけ算です。分母どうし, 分子どうしをかけます。もちろん, 先に約分できるものは約分しておきます。

⓲ 分数のかけ算とわり算 ─ ⑦

1
(1) $\dfrac{15}{2}$ (2) $\dfrac{15}{4}$ (3) $\dfrac{5}{2}$ (4) $\dfrac{65}{28}$

(5) 3 (6) 2 (7) $\dfrac{7}{8}$ (8) $\dfrac{21}{11}$

(9) $\dfrac{11}{5}$ (10) $\dfrac{4}{3}$ (11) $\dfrac{21}{5}$ (12) $\dfrac{3}{2}$

(13) $\dfrac{48}{25}$ (14) $\dfrac{18}{7}$ (15) 12 (16) $\dfrac{10}{3}$

2
(1) $\dfrac{7}{6}$ (2) $\dfrac{3}{2}$ (3) 2 (4) $\dfrac{4}{3}$

(5) $\dfrac{14}{9}$ (6) 1 (7) $\dfrac{13}{8}$ (8) 3

(9) $\dfrac{11}{27}$ (10) $\dfrac{4}{3}$ (11) $\dfrac{15}{4}$ (12) $\dfrac{7}{2}$

(13) 3 (14) 14 (15) $\dfrac{63}{50}$ (16) 8

⓳ 分数のかけ算とわり算 ─ ⑧

1
(1) $\dfrac{35}{8}$ (2) $\dfrac{19}{7}$ (3) 4 (4) $\dfrac{7}{2}$

(5) $\dfrac{21}{2}$ (6) $\dfrac{34}{5}$ (7) $\dfrac{41}{6}$ (8) $\dfrac{23}{3}$

2
(1) 6 (2) $3\dfrac{9}{14}$ (3) $5\dfrac{3}{4}$

(4) $9\dfrac{3}{5}$ (5) $6\dfrac{8}{9}$ (6) $4\dfrac{4}{9}$

(7) $8\dfrac{2}{7}$ (8) $8\dfrac{5}{8}$ (9) $7\dfrac{1}{2}$

(10) $8\dfrac{3}{4}$ (11) 3 (12) 6

考え方・解き方

▶答えの分母が1となる場合，答えは整数になります。

▶帯分数を仮分数に直すには，分母はそのままで，

　　分母×整数部分＋分子

を仮分数の分子とします。

20 分数のかけ算とわり算 ── ⑨

1
(1) $\dfrac{3}{10}$　(2) $\dfrac{6}{7}$　(3) $\dfrac{15}{16}$　(4) $\dfrac{7}{18}$

(5) $\dfrac{20}{27}$　(6) $\dfrac{3}{22}$　(7) $\dfrac{2}{7}$　(8) $\dfrac{4}{3}$

2
(1) $\dfrac{4}{7}$　(2) $\dfrac{6}{7}$　(3) $\dfrac{25}{12}$　(4) $\dfrac{5}{9}$

(5) $\dfrac{2}{3}$　(6) $\dfrac{56}{45}$　(7) $\dfrac{6}{7}$　(8) $\dfrac{3}{2}$

(9) $\dfrac{5}{6}$　(10) $\dfrac{2}{3}$　(11) $\dfrac{11}{12}$　(12) $\dfrac{4}{15}$

(13) $\dfrac{5}{7}$　(14) $\dfrac{27}{16}$　(15) $\dfrac{5}{12}$　(16) $\dfrac{49}{24}$

考え方・解き方

▶わり算では，わられる数とわる数に同じ数をかけても商は変わりません。例えば，

　$8 \div 4 = 2$

　$80 \div 40 = 2$（10をかけた）

　$800 \div 400 = 2$（100をかけた）

これを利用して，わる数の分母の数をわられる数とわる数にかけて分数と整数のわり算の形にしています。結果として，わる数の分母と分子を入れかえてわられる数にかけることになります。

21 分数のかけ算とわり算 ── ⑩

1
(1) $\dfrac{24}{35}$　(2) $\dfrac{27}{16}$　(3) $\dfrac{25}{8}$　(4) $\dfrac{49}{18}$

(5) $\dfrac{3}{8}$　(6) $\dfrac{3}{14}$　(7) 2　(8) $\dfrac{8}{7}$

(9) $\dfrac{13}{22}$　(10) $\dfrac{17}{9}$　(11) $\dfrac{35}{48}$　(12) $\dfrac{1}{12}$

(13) $\dfrac{11}{6}$　(14) $\dfrac{32}{27}$　(15) $\dfrac{1}{4}$　(16) $\dfrac{21}{16}$

2
(1) $\dfrac{3}{2}$　(2) $\dfrac{21}{40}$　(3) $\dfrac{80}{49}$　(4) $\dfrac{10}{7}$

(5) $\dfrac{1}{6}$　(6) $\dfrac{26}{11}$　(7) $\dfrac{32}{45}$　(8) $\dfrac{15}{32}$

(9) $\dfrac{5}{4}$　(10) $\dfrac{56}{75}$　(11) $\dfrac{4}{5}$　(12) $\dfrac{75}{104}$

(13) $\dfrac{3}{2}$　(14) $\dfrac{25}{16}$　(15) $\dfrac{25}{36}$　(16) $\dfrac{13}{64}$

▶分数のわり算は，まずかけ算に直します。次に約分できるところを約分してから計算します。

わり算の式のままで約分するとよく計算まちがいをします。必ずかけ算に直した式を書いてから約分しましょう。

22 分数のかけ算とわり算 ―⑪

1
(1) $\dfrac{21}{4}$　(2) $\dfrac{56}{15}$　(3) $\dfrac{35}{18}$　(4) $\dfrac{32}{7}$

(5) $\dfrac{14}{5}$　(6) $\dfrac{11}{2}$　(7) $\dfrac{9}{20}$　(8) $\dfrac{12}{55}$

(9) $\dfrac{3}{16}$　(10) $\dfrac{9}{25}$　(11) $\dfrac{4}{3}$　(12) $\dfrac{3}{4}$

(13) $\dfrac{9}{11}$　(14) $\dfrac{15}{7}$　(15) $\dfrac{52}{19}$　(16) $\dfrac{32}{35}$

2
(1) $\dfrac{10}{7}$　(2) $\dfrac{7}{12}$　(3) $\dfrac{2}{7}$　(4) $\dfrac{9}{10}$

(5) $\dfrac{5}{9}$　(6) $\dfrac{6}{7}$　(7) $\dfrac{5}{12}$　(8) $\dfrac{10}{7}$

(9) $\dfrac{27}{4}$　(10) 10　(11) $\dfrac{3}{2}$　(12) $\dfrac{98}{5}$

(13) 21　(14) $\dfrac{27}{8}$　(15) $\dfrac{9}{40}$　(16) $\dfrac{35}{12}$

23 分数のかけ算とわり算 ―⑫

1
(1) $\dfrac{2}{5}$　(2) $\dfrac{16}{7}$　(3) $\dfrac{26}{21}$　(4) $\dfrac{18}{35}$

(5) $\dfrac{7}{2}$　(6) $\dfrac{99}{35}$　(7) $\dfrac{2}{3}$　(8) $\dfrac{2}{3}$

2
(1) 2　(2) $\dfrac{2}{3}$　(3) $1\dfrac{7}{25}$

(4) $1\dfrac{1}{3}$　(5) $1\dfrac{17}{28}$　(6) $1\dfrac{5}{6}$

(7) $\dfrac{5}{9}$　(8) $1\dfrac{15}{17}$　(9) $1\dfrac{2}{3}$

(10) $1\dfrac{4}{21}$　(11) $\dfrac{9}{32}$　(12) $\dfrac{11}{14}$

考え方・解き方

▶分数のわり算でも，答えが整数になることがあります。

▶帯分数（たいぶんすう）を仮分数（かぶんすう）に直すには，分母はそのままで，

　　分母×整数部分＋分子

を仮分数の分子とします。

24 分数のかけ算とわり算 ── ⑬

1 (1) $\dfrac{5}{6}$ (2) $\dfrac{7}{2}$ (3) $\dfrac{4}{9}$ (4) $\dfrac{32}{45}$

(5) $\dfrac{32}{9}$ (6) $\dfrac{40}{3}$ (7) $\dfrac{45}{32}$ (8) $\dfrac{2}{5}$

(9) $\dfrac{9}{10}$ (10) $\dfrac{81}{160}$

2 (1) 11 (2) $\dfrac{23}{7}$ (3) 11 (4) $\dfrac{29}{5}$

(5) 1 (6) $\dfrac{3}{7}$ (7) $\dfrac{7}{4}$ (8) $\dfrac{3}{4}$

(9) $\dfrac{5}{12}$ (10) $\dfrac{8}{3}$

25 「分数のかけ算とわり算」のまとめ

1 式 $\dfrac{4}{7} \times \dfrac{2}{5} = \dfrac{8}{35}$ 答え $\dfrac{8}{35}$ m²

2 式 $70 \div \dfrac{5}{6} = 84$ 答え 84 cm

3 式 $\dfrac{3}{8} \times \dfrac{14}{9} = \dfrac{7}{12}$ 答え $\dfrac{7}{12}$ kg

4 式 $\dfrac{3}{2} \div \dfrac{1}{4} = 6$ 答え 6 人

5 式 $\dfrac{7}{6} \div \dfrac{8}{5} = \dfrac{35}{48}$ 答え $\dfrac{35}{48}$ 倍

6 式 $2\dfrac{1}{2} \times 3\dfrac{1}{3} \times 1\dfrac{1}{5} = 10$

答え 10 cm³

▶かけ算とわり算がまじった問題です。わり算はかけ算に直して計算します。ここで注意することは，÷の直後の分数だけ分母と分子を入れかえるということです。例えば，

1(5)の $\dfrac{4}{3}$ は，前が×ですからそのままです。

分数の計算でも，次の計算のきまりが成り立ちます。

$\bigcirc + \triangle = \triangle + \bigcirc$

$(\bigcirc + \triangle) + \square = \bigcirc + (\triangle + \square)$

$(\bigcirc + \triangle) \times \square = \bigcirc \times \square + \triangle \times \square$

2(1)～(4)では，3つ目のきまりを使うと，整数の計算になったり，通分できてしまったりします。

▶**2**は，テープのもとの長さを x cm とすると，

$$x \times \dfrac{5}{6} = 70$$

これより，

$$x = 70 \div \dfrac{5}{6} = 70 \times \dfrac{6}{5} = 84$$

となります。

6の直方体の体積は，

たて×横×高さ

で求めます。

26 比の計算──①

1
(1) 2：3　(2) 3：4　(3) 2：3
(4) 4：5　(5) 1：2　(6) 3：5
(7) 5：9　(8) 2：3　(9) 3：4
(10) 3：4

2
(1) 1：2　(2) 2：1　(3) 4：3
(4) 3：1　(5) 1：5　(6) 1：4
(7) 5：2　(8) 2：3　(9) 3：2
(10) 8：9　(11) 5：3　(12) 5：4
(13) 5：6　(14) 2：3　(15) 8：9
(16) 5：7　(17) 8：9　(18) 7：6
(19) 3：4　(20) 1：4

27 比の計算──②

1
(1) 2：3　(2) 3：1　(3) 1：2
(4) 2：3　(5) 3：1　(6) 2：3
(7) 3：4　(8) 9：2　(9) 12：25
(10) 3：2

2
(1) 4：5　(2) 1：3　(3) 3：4
(4) 8：1　(5) 4：9　(6) 3：8
(7) 2：1　(8) 5：6　(9) 4：3
(10) 5：9　(11) 8：9　(12) 3：8
(13) 3：1　(14) 7：10　(15) 3：4
(16) 2：1　(17) 2：5　(18) 10：3
(19) 9：7　(20) 21：20

考え方・解き方

▶約分と同じで，比を簡単にするときに，1回の計算で簡単にならないことがあります。答えをよく見て，さらに簡単にならないかを考えましょう。

1(10)では，次のようになります。
　42：56＝6：8　←7でわる
　　　　＝3：4　←2でわる

▶2(8)では，
　2：2.4＝2：24
としてはいけません。両方とも10倍して，4でわります。
　2：2.4＝20：24
　　　　＝5：6

28 比の計算─③

1
(1) 8	(2) 20	(3) 2	(4) 16
(5) 18	(6) 45	(7) 16	(8) 40
(9) 2	(10) 72		

2
(1) 2	(2) 15	(3) 18	(4) 8
(5) 24	(6) 48	(7) 7	(8) 5
(9) 9	(10) 14	(11) 9	(12) 12
(13) 56	(14) 20	(15) 8	(16) 8
(17) 80	(18) 4	(19) 8	(20) 2

29 比の計算─④

1
(1) 6	(2) 14	(3) 8	(4) 5
(5) 4	(6) 16	(7) 5	(8) 4
(9) 3	(10) 5	(11) 54	(12) 35
(13) 42	(14) 21	(15) 2	(16) 3
(17) 63	(18) 1	(19) 9	(20) 1

2
(1) 72	(2) 28	(3) 9	(4) 7
(5) 54	(6) 28	(7) 8	(8) 2
(9) 15	(10) 81	(11) 9	(12) 3
(13) 49	(14) 40	(15) 4	(16) 6
(17) 56	(18) 84	(19) 3	(20) 28

考え方・解き方

▶□にあてはまる数をかいてから，もう一度比を簡単にして確かめましょう。

③⓪ 比の計算—⑤

1 (1) 6　(2) $\dfrac{32}{5}$　(3) $\dfrac{15}{4}$　(4) $\dfrac{60}{7}$

(5) $\dfrac{15}{8}$　(6) $\dfrac{42}{5}$

2 (1) $\dfrac{4}{5}$　(2) $\dfrac{56}{3}$　(3) $\dfrac{21}{4}$　(4) $\dfrac{16}{3}$

(5) $\dfrac{36}{5}$　(6) $\dfrac{21}{8}$　(7) $\dfrac{9}{2}$　(8) $\dfrac{28}{5}$

(9) $\dfrac{18}{5}$　(10) $\dfrac{21}{4}$　(11) $\dfrac{36}{7}$　(12) $\dfrac{24}{5}$

(13) $\dfrac{36}{7}$　(14) $\dfrac{20}{3}$　(15) $\dfrac{8}{3}$　(16) $\dfrac{28}{3}$

③① 「比の計算」のまとめ

1 式　3：4＝9：□　　答え　12cm

2 式　□：34＝8：17　　答え　16人

3 式　9：5＝630：□　　答え　350冊

4 式　3.6：□＝3：7　　答え　8.4kg

5 式　7：11＝560：□　　答え　880円

6 式　5：26＝15：□　　答え　78cm

③② 円周率をふくむ式の計算

1 (1) 31.4　(2) 28.26　(3) 25.12
(4) 78.5　(5) 75.36　(6) 50.24
(7) 62.8　(8) 65.94

2 (1) 31.4　(2) 15.7　(3) 47.1
(4) 25.12　(5) 125.6　(6) 0

考え方・解き方

▶文章題を解くときに，

　○：□＝△：☆

の形の式になることがあります。これを簡単にする方法として，内側の2数の積と外側の2数の積が等しいことから，

　□×△＝○×☆

の形に直します。こうすると，簡単に計算できます。

▶**5**では，みゆうさんと2人の合計の比が7：（7＋4）＝7：11となることを利用します。もちろん，みつきさんのお金が320円あることを求めてから，2人分を合計して，

　560＋320＝880（円）

としてもよいです。

6は，（5＋8）×2＝26から，たてとまわりの長さの比は5：26となります。

▶円周の長さや円の面積を求めるときに，円周率3.14をふくむ計算をします。そのとき，計算のきまりを用いて，3.14は最後にかけると，計算まちがいが少なくなります。

㉝ 分数と小数の計算 ─ ①

1
(1) 2.5　　(2) 0.75　　(3) 1.8
(4) 0.875　(5) 0.85　　(6) 0.56
(7) 0.675　(8) 0.86　　(9) 2.625
(10) 1.5625

2
(1) $\dfrac{3}{10}$　　(2) $\dfrac{2}{5}$　　(3) $\dfrac{1}{2}$

(4) $\dfrac{6}{5}$　　(5) $\dfrac{7}{2}$　　(6) $\dfrac{36}{5}$

(7) $\dfrac{7}{100}$　(8) $\dfrac{29}{100}$　(9) $\dfrac{1}{4}$

(10) $\dfrac{9}{20}$　(11) $\dfrac{16}{25}$　(12) $\dfrac{12}{25}$

(13) $\dfrac{5}{4}$　(14) $\dfrac{157}{50}$　(15) $\dfrac{9}{1000}$

(16) $\dfrac{1}{200}$　(17) $\dfrac{3}{125}$　(18) $\dfrac{21}{250}$

(19) $\dfrac{48}{125}$　(20) $\dfrac{3}{8}$

㉞ 分数と小数の計算 ─ ②

1
(1) 0.3　(2) $\dfrac{3}{4}$　(3) 0.2　(4) 0.4

(5) $\dfrac{2}{3}$　(6) $\dfrac{5}{8}$　(7) $\dfrac{4}{7}$　(8) $\dfrac{6}{7}$

2
(1) $\dfrac{1}{9}$　(2) 0.7　(3) $\dfrac{5}{9}$　(4) 0.4

(5) 0.35　(6) 0.65　(7) 0.25　(8) $\dfrac{1}{7}$

(9) 0.85　(10) 0.55

考え方・解き方

▶分数を小数で表すには，
　　分子÷分母
を計算します。
逆(ぎゃく)に，小数を分数で表すときは，

　　$0.1 = \dfrac{1}{10}$，$0.01 = \dfrac{1}{100}$，

　　$0.001 = \dfrac{1}{1000}$

などを利用(りよう)します。0.1や0.01，0.001がいくつになるかを考えて分数で表し，約分(やくぶん)できるときは約分します。

▶分数と小数の大小を調べる問題です。5年生で学んだように，分数は
　　分子÷分母
で小数になりますから，分数を小数に直してくらべることもできます。

㉟ 分数と小数の計算—③

1
(1) $\dfrac{4}{5}$ (2) $\dfrac{3}{4}$ (3) $\dfrac{29}{10}$ (4) $\dfrac{29}{12}$

(5) $\dfrac{2}{5}$ (6) $\dfrac{13}{8}$ (7) $\dfrac{5}{16}$ (8) $\dfrac{5}{12}$

2
(1) $\dfrac{4}{3}$ (2) $\dfrac{3}{2}$ (3) $\dfrac{12}{25}$ (4) $\dfrac{5}{8}$

(5) $\dfrac{21}{40}$ (6) $\dfrac{1}{14}$ (7) $\dfrac{2}{3}$ (8) $\dfrac{15}{2}$

(9) $\dfrac{7}{9}$ (10) 12 (11) $\dfrac{4}{3}$ (12) $\dfrac{3}{2}$

考え方・解き方

▶小数を分数に直して計算します。約分できるときは，約分してから計算すると簡単です。答えは，整数・真分数・仮分数で表します。中学校では帯分数を使うことはほとんどありませんから，問題文に「帯分数で答えなさい」と指示されていなければ，帯分数に直さなくてもよいです。

㊱ 分数と小数の計算—④

1
(1) $\dfrac{15}{28}$ (2) $\dfrac{2}{15}$ (3) $\dfrac{1}{3}$ (4) $\dfrac{25}{27}$

(5) $\dfrac{25}{24}$ (6) $\dfrac{1}{27}$ (7) $\dfrac{1}{6}$ (8) $\dfrac{14}{3}$

(9) $\dfrac{34}{21}$ (10) $\dfrac{1}{10}$

2
(1) $\dfrac{3}{4}$ (2) $\dfrac{79}{60}$ (3) $\dfrac{7}{12}$ (4) $\dfrac{16}{35}$

(5) $\dfrac{3}{8}$ (6) $\dfrac{3}{5}$ (7) $\dfrac{159}{20}$ (8) $\dfrac{7}{9}$

▶小数を分数に直して計算します。計算の順序は，これまでと同じです。ふつうは，左から順に計算します。（ ）のある式は，（ ）の中を先に計算します。
また，×や÷は，＋や－より先に計算します。

37 「分数と小数の計算」のまとめ

1 式　$0.75 + \dfrac{5}{6} = \dfrac{19}{12}$　　答え　$\dfrac{19}{12}$ km

2 式　$\dfrac{4}{3} \times 1.2 = \dfrac{8}{5}$　　答え　$\dfrac{8}{5}$ L

3 式　$\dfrac{15}{14} \times (1 - 0.8) = \dfrac{3}{14}$　答え　$\dfrac{3}{14}$ kg

4 式　$5.7 \div \dfrac{19}{60} = 18$　　答え　時速18km

5 式　$\dfrac{5}{2} \times \dfrac{5}{2} \times 3.14 = \dfrac{157}{8}$

　　答え　$\dfrac{157}{8}$ cm²

6 式　本が□ページあるとすると

　　$\square \times (1 - 0.4) \times \left(1 - \dfrac{1}{3}\right) = 50$

　　$\square = 50 \div \dfrac{2}{3} \div 0.6 = 125$

　　答え　125ページ

38 累乗——①

1 (1) 36　　(2) 49　　(3) 27　　(4) 125

(5) 16　　(6) 81　　(7) 144　　(8) 512

(9) 6561　(10) 0

2 (1) 0.64　　　(2) 0.81　　　(3) 0.027

(4) 0.0016　(5) $\dfrac{36}{25}$　　(6) $\dfrac{49}{16}$

(7) $\dfrac{27}{64}$　　(8) $\dfrac{16}{625}$　　(9) $\dfrac{1}{64}$

(10) $\dfrac{243}{32}$

考え方・解き方

▶**1**では，$750 \text{m} = 0.75 \text{km} = \dfrac{3}{4}$ km

として計算しています。

3では，80％使ったので，残(のこ)りは

　　$100\% - 80\% = 20\%$

となります。

4は，$19分 = \dfrac{19}{60}$ 時間として，

　　速さ＝道のり÷時間

を計算します。

5は，$3.14 = \dfrac{314}{100} = \dfrac{157}{50}$

として計算します。

▶累乗(るいじょう)については，中学校で学習しますが，「右かたに小さく数字を書く」ということは，

　　面積(めんせき)の単位(たんい) cm²，m²，km²
　　体積の単位 cm³，m³

で，すでに使用しています。

39 累乗─②

1 (1) 21　(2) 89　(3) 6　(4) 27
　(5) 80　(6) 24　(7) 432　(8) 4
　(9) 6　(10) 16

2 (1) $\frac{29}{18}$　(2) $\frac{71}{80}$　(3) $\frac{1}{6}$　(4) $\frac{23}{9}$

　(5) $\frac{20}{21}$　(6) $\frac{14}{9}$　(7) 6　(8) $\frac{15}{4}$

40 累乗─③

1 (1) 0　(2) 1　(3) 73　(4) 1
　(5) 49　(6) 2　(7) 0　(8) 8
　(9) 68　(10) 2

2 (1) $\frac{16}{27}$　(2) $\frac{1}{80}$　(3) $\frac{7}{8}$　(4) 2

　(5) $\frac{2}{9}$　(6) 1　(7) $\frac{27}{64}$　(8) 3

41 「累乗」のまとめ

1 (1) 式　$7^2=49$　　答え　49 cm²
　(2) 式　$5^2\times6=150$　　答え　150 cm²

2 式　$6^3=216$　　答え　216 cm³

3 (1) 式　$(8\div2)^2\times3.14=50.24$
　　答え　50.24 cm²
　(2) 式　$5^2\times3.14\times4=314$
　　答え　314 cm³

4 式　$15^2\times16\times12=43200$
　　　43200 cm² $=4.32$ m²
　答え　4.32 m²

考え方・解き方

▶累乗をふくむ式の計算では，累乗を先に計算します。また，分母や分子の数が累乗をふくむ場合は，次の3つの式のちがいに気をつけます。

$$\left(\frac{2}{3}\right)^2=\frac{2}{3}\times\frac{2}{3}=\frac{4}{9}$$

$$\frac{2^2}{3}=\frac{2\times2}{3}=\frac{4}{3}$$

$$\frac{2}{3^2}=\frac{2}{3\times3}=\frac{2}{9}$$

▶累乗をふくむ式の計算は大変そうに見えますが，先に累乗を計算してしまえば，あとはたし算，ひき算，かけ算，わり算や（ ）のまじった計算になりますから，計算の順序に気をつけて，ていねいに計算しましょう。

▶立方体の体積の公式は，
立方体の体積＝（1辺)³
円の面積の公式は，
円の面積＝（半径)²×円周率
となります。中学生になると，文字を使って表します。半径をr，円周率をπ（ギリシャ文字で「パイ」と読みます）とすると，
円の面積＝$\pi\times r^2$
です（円周率を前に書きます）。
4は，
タイル1枚の面積×枚数
として計算します。

㊷ 約束記号 — ①

1
- (1) 8　(2) 26　(3) 4　(4) 11
- (5) 0　(6) 42　(7) 111　(8) 23

2
- (1) 8　(2) 6　(3) 4.5　(4) 8.5
- (5) 7　(6) 7　(7) 4　(8) 4.5
- (9) 8　(10) 0.5　(11) 15　(12) 10

㊸ 約束記号 — ②

1
- (1) 1　(2) 2　(3) 0　(4) 1
- (5) 1　(6) 0　(7) 3　(8) 0

2
- (1) 3　(2) 5　(3) 1　(4) 1
- (5) 8　(6) 7　(7) 0　(8) 24
- (9) 3　(10) 2　(11) 0　(12) 3

㊹ 約束記号 — ③

1
- (1) 2　(2) 6　(3) 24　(4) 720
- (5) 40320　(6) 362880
- (7) 5160　(8) 600
- (9) 2880　(10) 72

2
- (1) 33　(2) 57　(3) 70　(4) 78
- (5) 1570　(6) 3198
- (7) 55　(8) 155

考え方・解き方

▶**1**(7), (8)は，（　）の中を先に計算して，

$$(5 ◎ 1) ◎ 2 = 23 ◎ 2 = 111$$
$$5 ◎ (1 ◎ 2) = 5 ◎ 1 = 23$$

となります。

▶**1**(8)は，(7)で，

$$[16] + [29] = 3$$

とわかっていますから，

$$[[16] + [29]] = [3] = 0$$

となります。

▶1から20までの整数の和は，次のようにして求めることができます。

$$
\begin{array}{r}
1 + \ 2 + \ 3 + \cdots + 19 + 20 \\
+)\ 20 + 19 + 18 + \cdots + \ 2 + \ 1 \\
\hline
21 + 21 + 21 + \cdots + 21 + 21
\end{array}
$$

20個

21の20個分で，求める和の2倍ですから，求める和は，

$$21 × 20 ÷ 2 = 210$$

同様にして，1からxまでの整数の和は，次の式で求められます。

$$(1 + x) × x ÷ 2$$

45 約束記号 — ④

1
(1) 6　　(2) 120　　(3) 24
(4) 20　　(5) 42　　(6) 1680
(7) 60　　(8) 720　　(9) 504
(10) 5040

2
(1) 10　　(2) 20　　(3) 35
(4) 5　　(5) 28　　(6) 84
(7) 120　　(8) 70　　(9) 220
(10) 330

46 「約束記号」のまとめ

1
(1)　$29.5 ◎ 34.3$
　　$= 30 + 31 + 32 + 33 + 34 = 160$
　答え　160
(2)　$7 + 8 + 9 + 10 + 11 + 12 + 13 = 70$
　より　$6 ◎ 14 = 70$
　答え　14

2
(1)　$2010 \div 9 = 223$ 余り 3
　答え　3
(2)　$50 \div y = \square$ 余り 2 より
　　$50 = y \times \square + 2$　　$48 = y \times \square$
　　よって, y は 2 より大きい 48 の約数。
　答え　3, 4, 6, 8, 12, 16, 24, 48

3
(1) 1　　(2) 5　　(3) 10　　(4) 0
(5) 15 個

▶ ここでは,「全部で何通りあるか」という場合の数を求める計算の練習をしています。
2は, 約分すると簡単な計算になり, 答えはすべて整数になります。

▶ **2**(2)では, 余りはわる数より小さいことを利用します。いいかえれば,「わる数は余りより大きい」となります。したがって, y は 2 より大きいのです。

3(5)は, 1 から 100 までの整数のうち, 7 でわって 1 余る整数の個数ですから, 6 をたして, 7 から 106 までの整数のうち, 7 でわり切れる整数の個数を求めます。
　　$106 \div 7 = 15$ 余り 1
より, $7 \times 1 = 7$ から $7 \times 15 = 105$ までの 15 個となります。
なお, 15 個の中には,
　　$1 \div 7 = 0$ 余り 1
ですから, $x = 1$ もふくまれることに注意しましょう。